もし孫子が現代のビジネスマンだったら

假如孫子是現代上班族

安恒理——著
沈俊傑——譯

CONTENTS

目次

序章

第一章　仔細觀察對手，確實掌握情勢——053

第二章　讓勝利手到擒來的關鍵——091

前言
為什麼「孫子兵法」在職場上也有用武之地？

中國經典《孫子兵法》堪稱兵法登峰造極之作，直到現代仍廣為流傳。

這不只是一本兵法書，它真正厲害的地方，在於其內容搬到今天的職場上，依然對我們大有助益。

《孫子兵法》成書於約二千五百年前，當時中國烽火連天，兵法書與哲學思想著作如雨後春筍般冒出。以往的兵法大多認為運氣決定了戰事勝敗，然而《孫子兵法》卻斷言「人事才是決定勝敗的關鍵」，並以清晰的邏輯指出通往勝利之道。

《孫子兵法》的精髓，在於**不輕率引戰，盡力回避會造成莫大損失的戰爭，且盡量提高敵我雙方的利益，追求和平**。

《孫子兵法》的內容不僅是由多場戰爭淬鍊而成的謀略與戰術，更是徹底研究、分析人類行動的結果。因此，古代戰場上的人類心理，如今依然適用於商業、政治等各方領域。

事實上，現代商場上早有許多將《孫子兵法》學以致用的商業人士。比如軟銀創辦人孫正義、微軟創辦人比爾蓋茲，據說都將《孫子兵法》讀得滾瓜爛熟，並充分發揮所學。

我長年編輯許多以商業人士與經營者為對象的雜誌，採訪眾多生意有成的職場人，追蹤他們成功的軌跡，發現許多案例都與《孫子兵法》中的概念不謀而合。即便他們沒有刻意仿效孫子，其行動亦與孫子的智慧殊途同歸。

本書旨在介紹廣泛運用於現代商場、政治、外交場合上的《孫子兵法》。如書名所示，本書假想孫子如果是現代上班族，會如何進行判斷、如何應對問題。

書中具體舉出現代職場可能碰到的課題，讓孫子化身為中階主管，也就是課長的角色，提供讀者建議。

若能替各位的工作貢獻一份心力，實屬我的榮幸。

序章

《孫子兵法》的重心擺在「資訊」

《孫子兵法》是什麼？

在實際舉例之前，先來詳細說明一下《孫子兵法》這本著作。

作者孫武生活於西元前五百年左右，時逢春秋時代末期，戰亂不斷，隨後又進入更加混亂的戰國時代。春秋時代學者輩出，各立學派，後世稱這些學派為諸子百家，包含「儒家」「道家」「法家」「兵家」，百家爭鳴。儒家出《論語》《孟子》等經典，道家出《老子》《莊子》，法家則出《韓非子》。

至於《孫子兵法》則是兵家經典，與《吳子》一同流傳於世。

孫武侍奉吳王闔閭，大顯神威，幫助吳國一一擊敗列國，吳國將軍孫武之名威震四方。孫武身經百戰，看穿戰略本質並書以理論，其實用性已在實戰中獲得證明。

孫子的核心思想

《孫子兵法》全書共計十三篇。

最初的三篇「始計篇」「作戰篇」「謀攻篇」，旨在說明戰前的準備與心態。

接著三篇「軍形篇」「兵勢篇」「虛實篇」解釋如何整頓態勢，邁向勝利。

剩下七篇則進一步說明實戰中的用兵方法等細節。

雖然書中記述的全是帶領國家、軍隊邁向勝利的技巧，但整本書的前提是「不戰為上」。

「兵者，國之大事，死生之地，存亡之道，不可不察也。」（始計篇）

意思是說，戰爭為國家大事，攸關國民生死、國家存亡，必須慎重再慎

《孫子兵法》全十三篇

始計篇	戰前須知、該做的準備，以及其計算謀略
作戰篇	戰前如何預估經費、武器、兵卒等資源
謀攻篇	戰前「沙盤推演」時思考如何立於優勢，並使對方屈服
軍形篇	軍隊應有態勢，如何布陣以立於不敗之地
兵勢篇	戰爭中的「局勢」、令局勢傾向己方的方法
虛實篇	如何趁「虛」而入，攻其不備
軍爭篇	作戰時如何掌握主導權。具體的戰略
九變篇	指揮官面對狀況生變時如何應對。列舉九種狀況
行軍篇	各種地形下適合的行軍方式。亦記述偵察敵情的重要性
地形篇	面對各種地形時適合的「陣形」與作戰方式
九地篇	因應九種土地情況，掌握士兵心理後的作戰行動
火攻篇	為求勝利加入火攻、水攻法的時機，同時也包含善後問題
用間篇	「間」（＝間諜）的種類與用法

重，盡可能算清一切再行判斷。

這是全書的第一句話，開宗明義表示引發戰爭前必須三思。

孫子追求的最終目標，就是**「不戰而勝」**。

不同於其他兵法書著重於「戰術」，一心想打贏眼前的戰役，《孫子兵法》站在治國的角度，將戰爭視為外交手段，綜觀大局。

而一切的關鍵，就在於**「資訊」**。

評比敵我的五大重點

為政者或將軍、指導者等上位者，必須仔細掌握敵我雙方以下五項狀況。

◎「道」（人民與領導者是否團結）
◎「天」（自然現象）
◎「地」（戰地地形）
◎「將」（率兵者器量）
◎「法」（軍紀規範）

具體說明如下：

◎「道」：人民與領導者是否團結一心？這個問題牽涉到士兵面對危險時是否會退縮，有沒有辦法為了國家拚上性命。

◎「天」：冷熱天候等自然條件是否對我軍有利？

◎「地」：必須確認地形狀況、我軍與戰場間的距離等地理條件，是否對我軍有利。

◎「將」：確認指揮官的資質，是否具備才智、威嚴、對部下的關懷、勇猛果敢等條件。

◎「法」：軍隊編組與運用、官僚機構的規範。

衡量哪方更有利的七種觀點

以治國的觀點比較敵我雙方的軍情後，接下來必須推估，萬一正式發生衝突時，哪一方較能夠占上風。

對此，《孫子兵法》提出了「七項衡量條件」。

一、哪方的為政者更懂得治國。
二、哪方的指揮官更有能力帶兵。
三、哪方的地利更具優勢。
四、哪方的軍紀更嚴謹。
五、哪方的前線士兵士氣更高。
六、哪方的士兵訓練更有素。

七、哪方的賞罰更分明且公開。

再重申一次，《孫子兵法》是一本講求在戰爭中積極求勝的戰術書，不過其內容可以應用在現代職場、運動賽事等其他領域上。

把軍隊換成公司（或是運動隊伍），將士兵換成員工（選手）也完全說得通。

現代職場上的兩種敵人

只不過，有一件事情需要特別注意，那就是《孫子兵法》中的敵人，放到現代職場上可以作兩種解釋。

一種是**競爭對手**，也就是同業競爭者。

另一種是**顧客**。想要提高公司產品市占率，拉抬業績，就必須想辦法抓住顧客的心。

所以我們必須詳加了解競爭對手與顧客這兩種敵人。

現代職場上的戰力可能是資金，也可能是員工的技能。比方說，經營者想開發新事業時，會擬定事業計畫書，這時為了衡量勝算（也就是商業上的成功），必須鉅細靡遺調查自家公司的競爭力、對手的動向與市場上的各種狀況。

此外，戰場上的戰況瞬息萬變，而戰況換到現代，就等於新事業起步時的市場情勢。

指揮官要精準判別情勢，臨機應變，有時必須改變原本的戰法，有時也不得不考慮撤退。

想做出正確的判斷，情報處理能力必不可少。必須妥善蒐集戰場上的資料，準確分析，並將分析結果充分運用於實際行動。

具備情報處理能力，才能在戰事中取勝，也就是在職場上獲得最大的利益。《孫子兵法》也極其重視情報的處理方式。

《孫子兵法》留給後世的影響

《孫子兵法》不光影響當時甚鉅，其內容更流傳至今，帶給後世深遠的影響。

傳說三國時代的曹操便十分喜愛《孫子兵法》，不僅如此，這部經典也早在奈良時代就傳入日本，不少武將深受薰陶，立下無數彪炳戰功，例如源義家、武田信玄。

源義家於「前九年」「後三年」兩次戰役中，靠著《孫子兵法》「鳥起者伏也」，也就是「鳥群飛起之處，有埋伏」一文來觀察敵方動向，贏得勝利。至於武田信玄軍旗上的「風林火山」字樣，也是出自《孫子兵法》的其中一節。

時間轉到近代，日俄戰爭期間，在對馬海峽海戰率領日軍戰勝俄軍的東鄉平八郎也熟讀《孫子兵法》。伊拉克戰爭中，美軍採用的「震撼與威懾戰術」（Shock and Awe Tactics），便是美國國務卿柯林·鮑爾（Colin Luther Powell）融入《孫子兵法》的思想而研擬出的戰術。

《孫子兵法》的內容不光應用於戰爭，現在也廣泛**運用於商務與經營領域**。

我在「前言」中也提過，微軟創辦人比爾蓋茲和軟銀創辦人孫正義，都在商場上將《孫子兵法》的精髓發揮得淋漓盡致。

不僅如此，現代的**商業理論**、**行銷管理理論**同樣受《孫子兵法》影響甚鉅，例如經濟上的謀略與決策時常參考的**賽局理論**，還有行銷上常見的**蘭徹斯特策略**。

蘭徹斯特策略由經營顧問田岡信夫所提出，他悉心鑽研《孫子兵法》、加以活用，結合了原以數學模型來表現戰場上戰鬥人員消耗程度的蘭徹斯特法則（Lanchester's Law），應用於市場行銷。

而這些理論的相同之處，在於都屬於「**弱者的戰略**」。

這種戰略基本上有以下幾種基本戰法：

◎差異化

◎目標集中

◎短兵相接

◎隱密行動

而這幾種戰法背後都有一項重要因素，就是「情報」。

檢驗你的「情報敏感度」

能否於商場充分運用《孫子兵法》，端看個人對情報的敏感程度。敏感度的評判標準，端看你在成千上萬的資料中**能否順利判讀狀況、是否以偏頗的觀點看待事物、是否受限於先入為主的觀念**。

這裡我們就讓孫子重生，化為將自身理論發揮於職場上的孫子課長，請他檢驗一下各位讀者的情報敏感度。

問題

「事不宜遲，請見下一頁的圖。圖中有 a b c 三個點，請諸君思考看看這三個點代表什麼。想好了嗎？大多數人想法應該都很單純，會直接將三點連成三角形吧？」

圖 A 為題目所指的三個點，圖 B 則是將各點以直線連成的三角形。

「回答三角形也不算錯。然而答案不是只有一種，應該說，這道問題並沒有正確解答。」

孫子課長想說的是，那三個點也可能是圖 C 的四方形，或形成圖 D 的圓形。

「換句話說，光有這三個點的話資料太少，不足以判斷整體代表了什麼，諸君不可躁進，不要急著找出答案。」

答案不只一種

圖 A

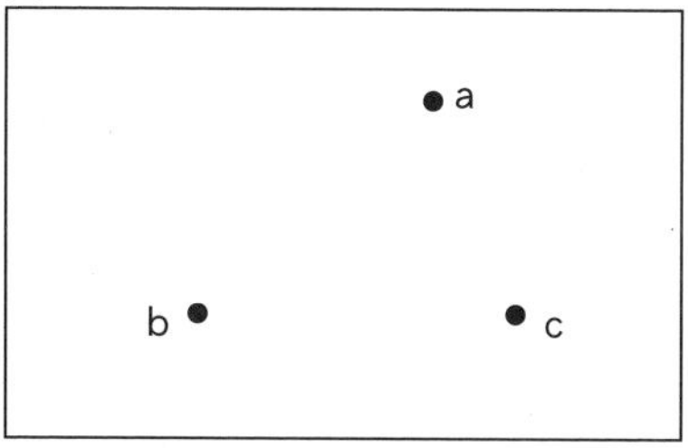

圖 B

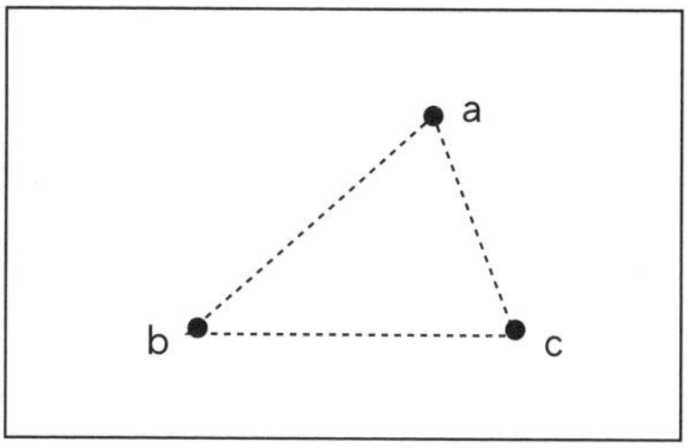

圖 C

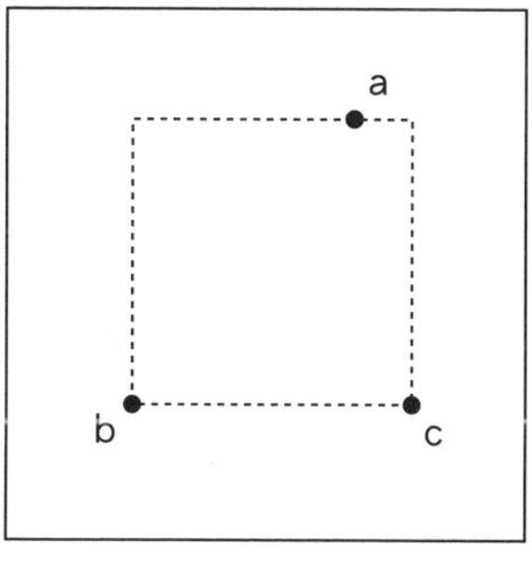

圖 D

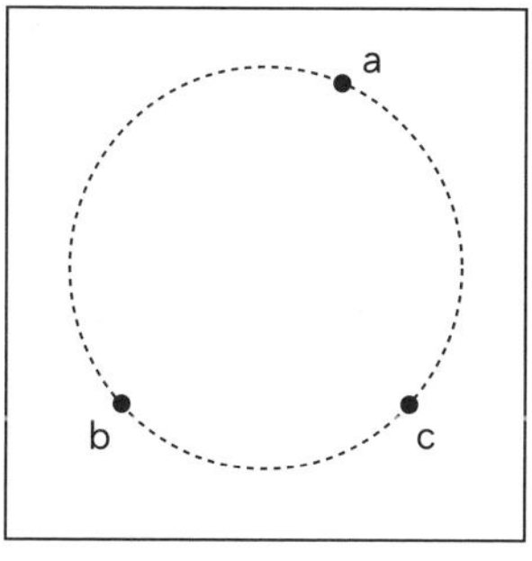

事物不能單看一面

若輕率將事情攪和在一塊，可能會造成天大的誤會，甚至鑄下大錯。尤其在戰場上，精神狀態很難保持平靜，容易誤判情勢。遭逢重大災害時，也容易陷入如臨戰場的精神異狀。

重大災害發生時，經常出現一些「穿鑿附會的謠言」。舉個例子，大地震發生前一天，某人家裡養的狗突然開始吠個不停。於是飼主事後就會說：「我們家的小狗肯定有辦法預知地震！」這種一廂情願、不假思索將「地震」和「狗異常狂吠」兩起特殊事件扯上關係的例子，還真不少。

我曾寫過幾本與地震災害相關的書籍，調查過各方面的資料。確實有研究報告顯示，某些動植物的異常行為可能是地震的前兆。某些專家認為，這種現象和大地震前地殼釋放出異常強大的電磁波有關。

因此，「家犬狂吠」和「大地震」之間或許真有因果關係。

然而要證明兩者關係十分困難，必須蒐集眾多案例，並經由科學家等專家驗證，才能確切知道究竟是否存在因果關係。

畢竟「地震前一天家裡養的狗叫個不停」，也可能只是因為狗的身體不太舒服而已。

不動腦思考，僅靠先入為主的成見判斷，很有可能鑄成大錯。

為了防範判斷失誤，我們應該時時抱持著「**蒐集大量資料、以多元觀點看待事物**」的心態。

舉例來說，如果「家裡的狗叫個不停」，那麼，在判斷為什麼吠叫之前，就需要蒐集更多資料，例如抱去看獸醫，確定有沒有生病（我想實際上做到這種地步的人並不多）。

至於以多元觀點看待事物，又是什麼意思呢？

「成見」等於自掘墳墓

孫子課長出了下面這道英文翻譯題：

問題

I am a cat.

「這種國中生等級的問題不難吧？什麼？你說答案是『我是一隻貓』嗎？嗯，確實答得沒錯。不過！」

孫子課長接著說：

「那麼我可要問問，倘若諸君是年輕女性，平時真的只會用『我』來稱呼自己嗎？咦？想要改答案？『人家是一隻貓』？

這也是正確答案沒錯……可是！我最想聽到像這樣的答案——

『本皇乃喵星人』。

唯有具備靈活思考與多重觀點的人，方能想出這種說法！」

孫子課長馬上又出了新的問題：

問題

To be, to be, ten made to be.

「這道題目是要諸君用中文寫出上述的句子……嗯？你說這句話比剛才那題英文難太多了？肯定的，剛才那是國中一年級程度，而這道題目則是很久以前的大學考試考古題……雖然大學入學考試可謂人生一大難關，但若叫小學生來回答這題，或許意外難不倒他們……這提示夠明顯了吧？正確解答是——

『土壁，土壁，田媽的土壁。』

沒錯，你可以直接用漢語拼音唸出這句話。沒人說過題目是英文呀（笑）。

除此之外，懂日文的朋友也可以試著用日文翻譯這句話……答案是：

『飛吧，飛吧。飛上天空。』[1]

孫子課長的意思是，若成見或先入為主的觀念太深，很有可能造成我們在處理資訊上極大的阻礙，以致誤判狀況。

養成切換觀點的習慣

孫子課長馬不停蹄，又出了新的問題。

1 日語「飛べ、飛べ、天まで飛べ。」音同「To be, to be, ten ma de to be.」）

問題

「再請諸君看看下頁的圖。圖A的圓形中心有一顆黑球，試問這張圖畫究竟是什麼？答案不只一個，解釋自在人心，請自由發揮想像力。」

孫子課長接著說：

「答案可能是『放在白色盤子上的黑麻糬』『從底部往上看的鉛筆』，又或者是『天氣圖的符號（霧或冰霧）』。前陣子我還聽一名小學生回答『放在盤子上的黑色蘋果』呢。孩童總是創意十足，令人羨慕。這道題目沒有正解，我想說的其實就只有一件事——欲看清事物的真面目，勢必得轉換看待事情的角度，亦即轉換觀點。」

如何？浮現幾個答案了嗎？

轉換觀點，許多可能便浮上檯面

圖 A

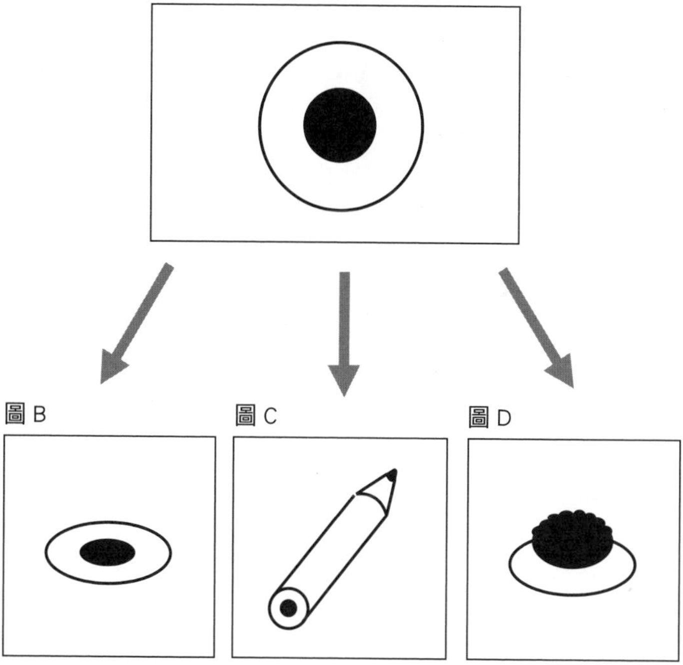

天氣圖　　鉛筆　　放在盤子上的黑麻粩

孫子課長的意思是：「要學會換個角度來看待同一件『物體』。」

「如果是畫在平面上的天氣圖符號，看起來應該會像圖B。而將鉛筆換個角度，從底部往上看的話應該會看到圖C的景象。如果是放在白色盤子上的黑麻糬，看起來則會像圖D。換位思考，就情報判讀的觀點來說，等於是多獲得一項資料。」

若發現**持有的資料量不足以判斷整體情勢，卻急著做出偏頗的解釋，恐怕會導致天大的錯誤。**

別為人亂貼標籤

先入為主的成見與刻板印象，經常害人誤判狀況。

其主要原因除了光憑不充分的資料進行判斷之外，也可能是因為想得太簡單，傻傻地屏棄原本就已經不充足的資料，隨便做出判斷。

這種人的思考模式通常只有兩項極端對立：非○即×、非黑即白、非Yes即No、非全即無。

相信○絕對正確的人，容易將○之外的一切都認定為×。儘管除了○×之外，或許還有△、□等其他情況存在。

「自認為『我的思維才沒那麼單純』的人，我要問，你是否曾經亂幫別人貼標籤？好比看到領導作風強勢的人，就說『那傢伙是右派分子』『他是獨裁者，希特勒再世』。在你做出這種貼標籤、隨便分類的行為時，就代表思考可能已經停止了，務必嚴加注意。」

無視多樣性的思考，亦有可能演變成充滿偏見的歧視。

關於這種謬誤產生的原因，孫子課長強烈主張：「因為那些人沒有認知到，語言具有任意性。」

這是什麼意思？

「也就是說，語言所指涉的某一對象，對所有人來說的意義不見得完全一致。即便是同樣的詞彙、同樣的對象，每個人都會有不同的印象。例如『紅』這個詞彙所指的顏色，就有無限多種，每個人對於紅色的判定範圍沒有具體的基準。有一種東西叫演色表，是一本顏色範本書冊，收錄從紅到藍、從紅到黃等各種色彩的變化漸層範本。哪裡到哪裡算是『紅色』，每個人的標準都有些微差異。」

我們請孫子課長說得更詳細一些。

問題

「好，那就拿出演色表來向諸君說明說明……咦？這本書是黑白印刷，所以看不出演色表上面的顏色？這樣啊……沒辦法，看來得用黑色和白色為範本來說明了呢……」

請將第四十四頁圖視為黑色墨水濃度從0到100的範本。

「諸君想必曉得，白黑之間還有好幾種灰色吧？請將100或90這種數值視為黑色墨水的比例。100毫無疑問是黑色，也有人認為90、80左右的程度仍屬於『黑色』。比例多少到多少是灰色，從多少開始是黑色，每個人自有見解。100到90之間，還存在99、98、97……這些趨近於黑色的灰色，真要細分，甚至還可以劃分到小數點第一位，根本沒完沒了。同樣的情況也會發生在白色上。0是全白，10則是加了10%黑色墨水，所以呈現淡灰色，而灰色也可以分成無限種灰色。什麼？你說 0 也不是全白？那是因為這本書的印刷用紙本來就有自己的顏色。如果書本使用全白的紙張，讀久了眼睛會疲勞，所以才使用略帶米色色調的紙張，這可是出版界常識！」

孫子課長的意思是，**人所說的話，對不同的人來說，指涉事物的範圍也有些許不同。**

若處理資料方式有誤，分析情報時便會出現極大的差錯，導致誤判狀況。

這種事情在兵荒馬亂的戰場上見怪不怪，但重點在於如何避免致命的失誤。反過來說，致命性的誤判會成為敗因，在職場上即意味著事業可能失敗。

同一個詞的指涉範圍，因人而異

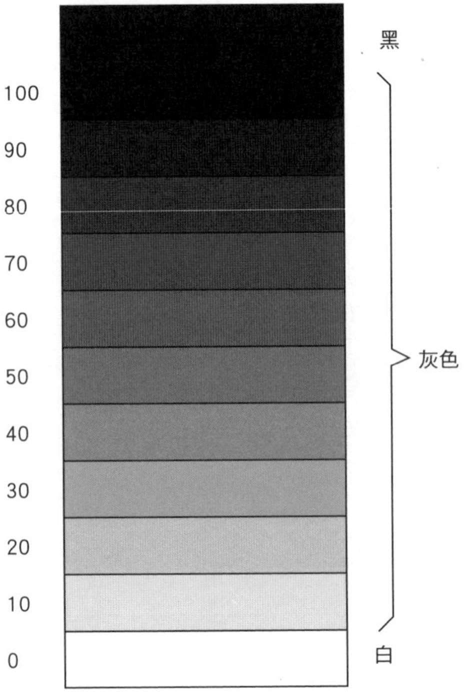

「在商業的世界，若資料處理方式不對，便會引發誤判，將事情搞砸。警察辦案時也可能碰上相同的問題，好比所謂的『抓錯人』『冤案』。接著便要來解說為何會發生這種事情。」

從冤案成因學到的教訓

「舉例說明之前，我們先重新思考一次看待資料的心態。前面我問過諸君 a b c 三點代表了什麼，也說過光從這三點並無法判斷整體情勢。那麼，不妨就蒐集更多資料，畫成第四十五頁的圖案看看。

看起來像什麼呢？很像四隻腳的動物對吧？然而我們還看不出脖子以上的部分，所以也判斷不出是什麼動物。隨著資料蒐集得越多，發現脖子越來越長的話，說不定會是長頸鹿。如果發現鼻子越來越長，也許就是大象了。」

用警方辦案來比喻的話，圖中的每一個點，就像是用來確立犯罪事實、鎖定犯人的「證據」。當局會盡快蒐集後續資料，勾勒出一樁犯罪的整體面貌，找出犯人。

「不過案子辦久了，可能會越來越難辦識哪些資料是有效證據，哪些資料則無法構成證據。甚至經常碰上看似有力的目擊

清楚辨識有效資料、無效資料，才能避免誤判整體情勢

圖 A 四隻腳的動物？

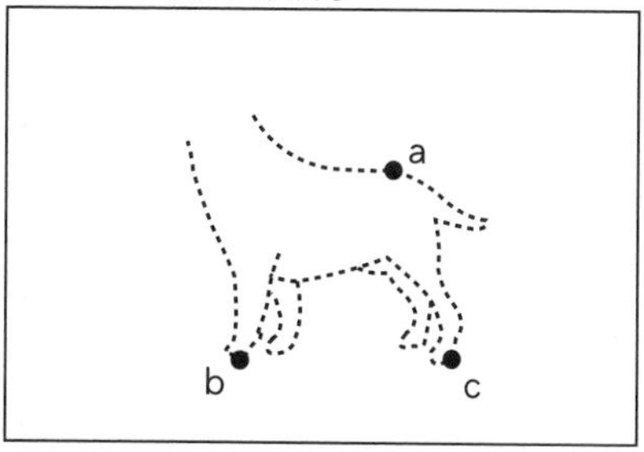

圖 B 長頸鹿

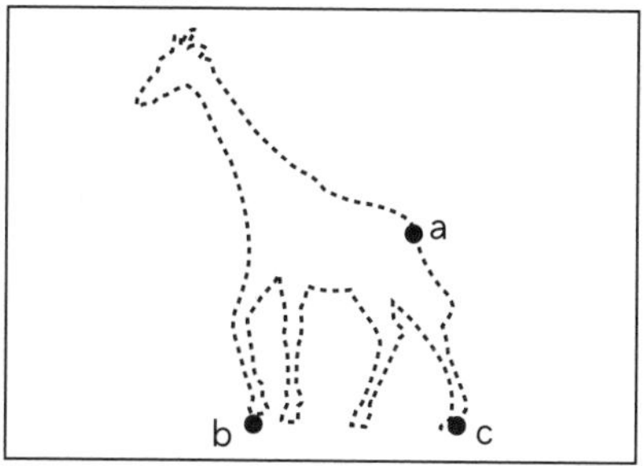

圖 C 大象

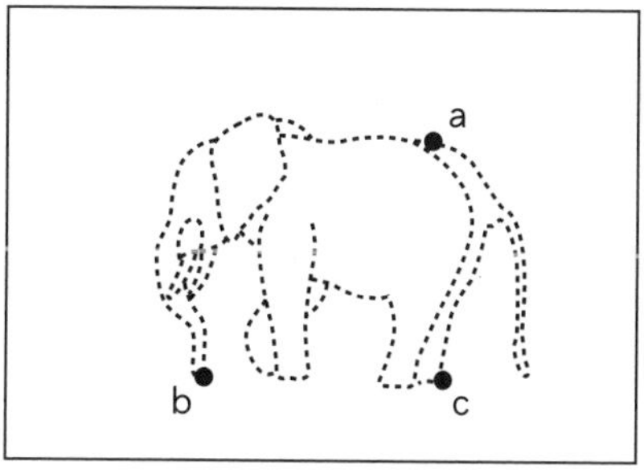

情報，到頭來卻和案件一點關係也沒有的情況。偵辦前線和戰場一樣資訊滿天飛，警方必須過濾掉完全無關的資訊，因為這種資訊就像『雜訊』，只會干擾辦案。如果將『雜訊』誤當成有力證據，縱使犯人是『大象』，辦案者卻可能咬定『長頸鹿才是犯人』。」

接下來，孫子課長將舉出實際的冤案實例，帶我們學習情報處理過程中的犯錯原因。

這則冤案實例便是日本的「足利事件」。

這起案件發生於一九九〇年，當時一名四歲女童在日本足利市某小鋼珠店停車場遭到綁架，之後被發現陳屍於附近河岸。

雖然不乏目擊證詞，但警方遲遲揪不出犯人。

案情陷入膠著，警方採用罪犯側寫（分析犯人形象），認為犯人具備「單身男子」「喜愛幼童」等特徵，並以此為基礎到處打聽消息。過程中，警方盯上一名叫作菅家利和的男子。菅家之後被警方冤枉且遭到不當收監，牢一坐就是十八年。他並無任何前科、案底、被逮捕的紀錄，之所以會被盯上，只是因為「單身」，加上從事幼稚園娃娃車司機的身分，警方認為他「喜歡幼童」，才懷疑他可能是犯人。

跟蹤調查的刑警拆開菅家丟出來的垃圾袋，試圖採集菅家的ＤＮＡ。他發現菅家總是安安分分在規定日期內，將垃圾拿到規定的地方丟棄，竟曲解成對方「戒心很重」。警方靠著技術尚未成熟的ＤＮＡ鑑定結果與強行逼供得到的自白，逮捕了菅家，法院也判決有罪。

辦案過程中，雖曾出現十分有力的目擊證詞，然而該目擊證詞指出「菅家不是犯人」，所以即便可信度十足，警方依然認為那份證詞屬於「雜訊」，對證人說：「講白了，你的證詞只會妨礙我們判菅家有罪。」並強迫證人收回證詞，將筆錄竄改成「目擊者只是單純認錯人而已」。

警方犯下了天大的錯誤，在狀況不明的情況下認定「菅家就是犯人」，辦案過程中始終帶著這樣嚴重的偏見。

「從古至今，在深信某人一定是犯人的情況下辦案，都是造成冤案、抓錯人等情況層出不窮的一大原因。

若在職場上犯下這等錯誤，不僅會造成莫大虧損，甚至可能毀了整間公司，所以處理情報時務必盡善盡美。

接下來就要搭配各式各樣的範例，一一說明我所編纂的《孫子兵法》」中，正確的資訊戰略應有的面貌。

第一章

仔細觀察對手，確實掌握情勢

一味執著眼前利益，就會錯失更大利益

業績至上主義的缺點

分析現況，是戰場上十分重要的關鍵。

好比分析己方戰力、敵方戰力、敵我雙方的士氣、誰更占有地利優勢等。只不過，戰場上任一方都會隱藏己方資訊，不讓敵軍知曉。

所以我們要利用各種資料，推測敵方的行動與作戰。

情報分析錯誤，在戰爭中是家常便飯，但我們要避免犯下會造成致命傷的離譜錯誤。

尤其指揮官的剛愎自用，可能會成為戰事中的一大敗筆。

同樣的觀念也可以運用在職場上。有時一味追求自己的利益，**輕視對手，甚至是工作夥伴、客戶等己方人員的心情，可能會害自己摔個四腳朝天。**

某些對業績要求嚴格的業界，就發生過不少業務強迫推銷商品給客人的糾紛。

不動產業是其中之一。許多公司並不重視客人的立場，眼裡只有「銷售」，其他部分都不放在心上。

最近我也碰上這種業者。尋找辦公室用地時，Ｊ公司介紹了幾套不錯的物件。物件本身雖然不錯，但辦理相關手續時的態度卻很隨便。Ｊ公司業務一副「商品能賣掉就好」的態度，說明含糊不清，結果之後出了點小問題。

這次經驗實在糟糕透頂，後來我和其他不動產業者分享時，對方說：

「哦，J公司啊。那間公司還保留上一代的不良惡習，也就是業績至上主義，為了賣掉房子無所不用其極，同行之間的風評不太好，員工流動率也很高。」

只注重眼前的蠅頭小利，可能會錯失更大的利益。

自我中心會趕跑夥伴與客人

「料敵制勝，計險厄遠近，上將之道也。」（地形篇）

指揮全軍的將領需要負責分析敵情、推估勝算，例如地形是險惡還是平緩，離目標是遠還是近。

若被眼前的利益蒙蔽了雙眼，就無法俯瞰整體大局。這句話的重點就在於轉換多元觀點，才能正確判斷狀況。

東野聰史（化名）經營連鎖餐廳，名利雙收。起初他在其他業界擔任業務，從那個時期開始，便強烈渴望自己未來能創業並獲得成功。

他有滿滿的求知欲，什麼都想學，沒多久就拿下了第一名業績。他從事業務僅僅一年便離開公司，自立門戶。

業務時期的亮眼成績帶給他強大自信，深信自己一定會成功，意氣風發創立了公司，發下「我要成為大富翁」「我要讓公司股票上市」等宏願。

殊不知這份自信轉眼間便消磨殆盡。

新公司業績不如預期，低迷不振，加上東野本身又曾是一名優秀業務員，所以對下屬的工作方式頗有微詞。

沒有管理經驗的東野越發煩躁，每天衝著員工大罵。到最後，許多員工都被他罵跑了。

就在這個時期，發生了一件事。

公司金庫內的六百萬遭竊了。這六百萬是公司至今所賺的錢，警方經調查認為是自己人下的手，而且犯人還不只一、兩位。

東野對他人的不信任感達到顛峰。他獨自進行調查，發現所有員工都可能涉案。猶豫許久之後，他決定關掉公司，遣散所有員工。

回歸一人狀態的東野開始苦思，自己明明費盡心力教育員工，為什麼沒人願意跟隨他？他甚至開始認為，這種「依照表現決定待遇」的方式，顯然是老一輩的「專業」作風，現在已經落伍了。既然如此，乾脆打造一間毫無「專業」氣息，所有員工都是兼職人員的公司算了。

於是東野以應徵打工的方式，潛入一間雇用多名兼職人員、業績嚇嚇叫的速食連鎖店，打算從頭開始學習基層事務。

有天他在炸薯條時，店長突然走到身邊，下達了一項令人意外的指示：「東野，那邊的薯條擺超過七分鐘了，拿去倒掉。」

東野驚訝的問：「什麼？要倒掉嗎？明明還可以吃，為什麼要倒掉？」

店長聽了反問他：「你覺得我們出冷掉的薯條給客人會發生什麼事？」

東野如遭當頭棒喝，回頭望向薯條。

「這樣啊！我過去都是以自我為中心思考事情，只想著『自己想賣什麼』，根本就沒有考慮客人想要什麼……」

他開始反省以往的工作方式。

滿腦子只想著自己成功、自己獲利的人，怎麼可能會有人願意追隨？

從那之後，他改以**「能夠帶來喜悅」「協助他人」「貢獻社會」**等核心概念來經營公司。

「站在員工和顧客的立場，想辦法滿足所有人。貫徹這項工作之道，就能開拓成功的康莊大道。」

多方蒐集情資、加以分析

「POS系統」的功能

商場的運作方式，是提供符合顧客需求的商品或服務，藉此提高業績、增加利潤。

為了了解顧客需求，資料的蒐集就格外重要了。

「能使敵自至者，利之也。」（虛實篇）

讓對方覺得有利可圖，就能引誘他們前往對我軍有利的戰場上。

孫子這番話，點出了**提供利益，以誘敵掉入對我方有利局面**的重要性。

人們會採取五花八門的行銷手法來找出市場需求，其中一項就是POS系統（Point of sales system，銷售時點情報系統）。這套系統常見於超市與便利商店，可以將哪個商品在什麼時候、以什麼價格、賣出多少等數據，透過收銀機蒐集起來，並發送給總公司，甚至還可以蒐集購買者性別、大約年齡、購買時的天氣等資料。

詳細分析零售通路的資料，對於進貨取捨與商品開發大有助益。

判讀資料時，不可囫圇吞棗

有一個人就深刻體會到庫存管理與進貨管理有多重要，他是7&I控股的前名譽會長——伊藤雅俊，最早從一間小小的零售商洋華堂（今日本百貨公司伊藤洋華堂）發跡。有一年，他們進了大量襪子以備冬天的到來，沒想到那年竟是暖冬，襪子根本賣不出去。

當時洋華堂規模尚小，這個情況已足夠讓他們面臨經營危機。那次的失敗，讓現在的伊藤洋華堂與 7&I 控股，對於庫存管理、進貨管理的態度十分嚴謹。

「聽取顧客的希望，本來就是做生意的基本。就這方面來說，POS 系統真的是非常強大的戰力。

不過，判讀資料時若囫圇吞棗，也有可能掉入陷阱，因為偶爾會出現一些特殊案例。」

孫子課長舉了他自己碰過的例子：

「那是我剛進公司時的事。有陣子我接連加了好幾天班，某天吃完晚飯，同事從便利商店買來一種叫『魷魚仙貝』的餅乾。確切的名字記不太清楚了，不過一包裡面有五片，只要一百日圓，十分便宜，非常適合加班時解嘴饞。他分我吃了一片，之後我便瘋狂愛上這種餅乾，每天都要吃上一包，整個部門掀起一股短暫的魷魚仙貝熱潮。

那個月的魷魚仙貝銷量肯定特別突出，然而我與其他同事也就加那麼一段時間的班，魷魚仙貝熱潮也隨著加班期間結束而退去。某天中午我走進便利商店一看，嚇了一大跳，零食區內竟然有長達一公尺左右的範圍都堆滿了魷魚仙貝。滯銷的魷魚仙貝堆滿了特賣區，那幅淒涼的景象至今仍歷歷在目。

一想到那些魷魚仙貝後來的去向，如今仍令人感到心痛。不過，沒料到魷魚仙貝銷量竄升是出於暫時的特殊原因，這也是那間便利商店的失策。」

溝通前需詳細了解對方的情況

開拓新業務的鐵則

「知己知彼，百戰不殆。」（謀攻篇）

打仗前充分掌握敵我雙方的資訊，方能戰無不勝。這是《孫子兵法》中相當知名的教誨。

這句話還有後續：

「不知彼而知己，一勝一負；不知彼不知己，每戰必殆。」

意思是若清楚敵情，也熟悉己方狀況，就能百戰百勝。如果不了解敵情，但熟悉己方情況，那麼戰事肯定有勝有敗。假如不了解敵情又不清楚己方狀況，那麼注定屢戰屢敗。

例如想要開發新業務時，**在不清楚市場狀況、競爭對手、自己公司實力的情況下魯莽進行挑戰，成功機會恐怕相當渺茫。**洞悉情勢後再開發業務，才是做生意的鐵則。

討價還價的祕訣

這番話也能套用在與人溝通協商的場面。

溝通專家孫子課長提出了下面這道問題：

「假設現在要和對方溝通商品價格，不過狀況並非做生意，而是諸君在古董店看到了喜歡的古董，標價九十萬日圓。就買方的立場，自然希望能便宜買，然而站在古董商立場，肯定會想盡量賣貴一些。於是雙方開始討價還價……」

在孫子課長所舉的例子中，假定古董商雖然將商品標價九十萬日圓，但實際上被殺到七十萬也還願意脫手；至於身為買方的你，雖然付不出九十萬日圓，但最高能接受到八十萬日圓的報價。所以議價範圍會介於七十萬日圓與八十萬日圓。

這可說是一場十萬日圓的強取豪奪殊死戰。

「溝通過程中，雙方必須讀取對方心思，決定在哪裡折衷接受，也就是要『勾心鬥角』。」

賣方一開始先試水溫：「我可以打折到八十五萬日圓。」

買方則積極進攻：「如果六十萬的話我是願意買啦……」

這時賣方會衡量眼前的客人「到底有多想買」「銀彈準備多少」，並思考自己最多接受被殺到什麼價格。

買方則會洞察賣方的經濟狀況，思索「如果對方無論如何都想要現金交易，就有辦法多殺一點」「搞不好對方沒有預期的容易脫手」。

雙方都要從對方的態度和言行，來判斷「買方願意出多少錢」「賣方願意算多便宜」。

若順利看穿對方心思，雙方可能都會下達最後通牒。賣方表示「絕對不能接受低於八十萬日圓的價格」，而買方則堅持「最多七十萬日圓，絕不會多付一毛錢」。

假設賣方徹底看出「就算開到八十萬日圓，這位客人也願意掏錢出來」，而最後以八十萬日圓成交的話，那就等於賣方在十萬日圓的拉鋸中獲得全面勝利。

反過來說，買方若能事先判斷出「老闆最多願意降到七十萬」，就能賺到議價範圍中那整整十萬日圓的利益。

這就是溝通的樂趣，勝利關鍵就在於如何剖析對方的心思。

殺價的深層心理

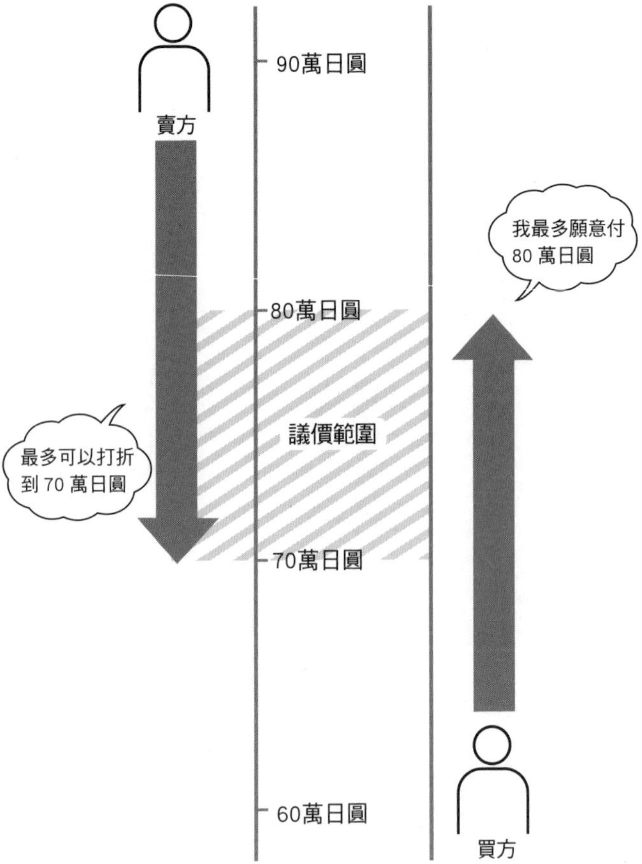
賣方
90萬日圓
我最多願意付
80 萬日圓
80萬日圓
議價範圍
最多可以打折
到 70 萬日圓
70萬日圓
60萬日圓
買方

以強硬態度溝通成功的竅門

孫子課長接著介紹另一起更加刀光劍影的案例。

「我知道一家公司，他們之前決定擴大經營時，物色了不少土地，打算建一座工商混合大樓……」

我們先假設這家公司叫 A 公司。A 公司透過不動產仲介找到了一處無可挑剔的土地，接著便進入價格協商的階段，賣方 B 公司喊出了高於市場價格的二億三千萬日圓。

溝通一度陷入膠著，B 公司選擇退讓，降到二億一千八百萬日圓。

「敝公司並不打算繼續降低價格。後面還有其他議價的對象，所以請您現場給予答覆，要還是不要？」

B公司祭出了「最後通牒」。

A公司負責此案的董事柏原洋一（化名）十分猶豫，不知是否該接受對方提出的價格。

他心想：「就地點來說，沒有比這裡更適合的物件了。但價格實在超出預算太多。」

柏原回答：「敝公司無法接受超過二億五百萬日圓以上的價格。很遺憾，容我們放棄這次的機會。」

沒想到最後A公司竟然就以柏原提出的價格，買下了B公司的土地。

換句話說，B公司最後退讓了。

且讓孫子課長說明事情的來龍去脈：

「就結論來說，這是柏原在資訊戰上的勝利。」

柏原屢次參觀 B 公司的物件，也和附近的餐飲店、小商店打過照面，一面蒐集周遭環境的資訊，也打聽有沒有其他人來看 B 公司物件。

然而，似乎沒有其他人詢問 B 公司物件的跡象，所以他才推測 B 公司口中的「其他議價對象」只是在唬人。

而且他還私下調查了 B 公司的經營狀況。某次他和 B 公司客戶聊天時不經意地打探，因而掌握了 B 公司的內情。

「他們經營狀況不太好，肯定急需現金，所以才會想盡可能賣貴一點。」算到這一步的柏原，於是也強硬發出了最後通牒。

不過，柏原交涉態度之所以強硬，還有另一項理由。孫子課長緊接著說明如下：

「柏原手上其實還有備案，就算沒辦法買下 B 公司的物件，他也已經找好第二、第三順位的選擇，所以才有辦法採取較為強硬的態度。

溝通時，手上的牌越多，就越占優勢。柏原靠著冷靜地分析，得知 B 公司實際上除了 A 公司之外，並沒有其他任何買家。」

瞄準對方鬆懈的時候

打擊對方士氣的錦囊妙計

無論是戰場上的士兵，或是在商場最前線奮鬥的商業人士，都不可能時時刻刻士氣高昂。隨著環境變化，幹勁可能時高時低。

任誰都會有「今天好像沒什麼幹勁」，意志消沉的時候。

但關鍵時刻若能提振士氣，並趁敵方士氣低落時進攻，就能提高勝算。

「是故朝氣銳，晝氣惰，暮氣歸。」（軍爭篇）

士兵於早晨時朝氣蓬勃，趨於正午時則開始有些懶散，到了傍晚，氣力也差不多放盡了。

孫子在上面這段話後面又補充：「故善用兵者，避其銳氣，擊其惰歸，此治氣者也。」意思是善於打仗的人，會避開對方氣勢如虹的狀態，瞄準對方士氣委靡的時候進攻。

仔細觀察敵方狀態十分重要，不過，戰場上還存在各種宣傳戰，例如投放傳單削弱敵方士氣的手段，務必小心應對。

任性上司攻略法

任職於廣告代理商的高梨勉（化名）所負責的客戶之中，有一名行事任性的社長，一旦心情不好，就會對企畫簡報嫌東嫌西，經常讓高梨產生「老子不幹了」的念頭。

不過來往好一陣子後，他發現了一件理所當然的事：「那趁社長心情好的時候提企畫不就好了？」

因緣際會之下，高梨得知那名社長是日本足球聯盟J聯盟的狂熱粉絲，於是專挑他支持隊伍獲勝的隔天，將企畫提案寄給社長。而在重要會議的前一天，他一定會招待那位社長到酒店享受一下，並搶在社長上門之前先到酒店，塞小費給社長喜歡的小姐，**事先做好安排**，請她把社長捧上天。

從那之後，高梨確實感覺自己的企畫更容易通過了。

善用客戶習慣的優秀業務

某些業務會固定選在傍晚拜訪特定客戶。

這正應和了孫子所說，**避開對方「朝氣銳」，瞄準「暮氣歸」**的時候。

當對方負責人活力充沛、精神飽滿時，不僅擁有打死不退的毅力，溝通協商時也不會輕易退讓。

然而活力充沛的壞處，就是一大早拚盡全力，到了傍晚便能量「枯竭」。這麼一來，態度就會鬆懈，任憑對方擺布。所以有些業務會刻意避開上午對方精力十足的時候。

「觀察上司的臉色與心情，調整應對進退的方式，這才是可圈可點的處世之道。」

商場判斷仰賴「理性」而非「感性」

面對器重的下屬離職，千萬不要有這種反應

戰場也好，商場也好，身為指揮官都應當作出冷靜的判斷。若無法控管情緒，害自己遺漏重要資訊，導致判斷失誤的話，便無法採取正確的戰略。

「主不可以怒而興師，將不可以慍而致戰。」（火攻篇）

君王不能因為一時的氣憤而舉兵，將軍不能因為一時的惱怒而開戰。

勝浦昭一（化名）於二十多歲創業，公司一路穩定成長。其心腹山田健

二（化名）則是勝浦四十多歲時錄用的人才，勝浦對他關照有加。

山田雖然長年為公司服務，但始終懷著總有一天要獨立創業的打算。在他進入公司十幾年，年過四十的時候，向社長表明自己未來有志自立門戶。

勝浦大受打擊，他原先期待公司交棒給兒子後，山田可以大顯身手，率領全體員工一同前進。

勝浦烈火般的憤怒一觸即發，然而山田「未來獨立創業」「自己做主」的決心十分堅定，最終還是離開了勝浦身邊。

此後勝浦三不五時便會抱怨：「山田那傢伙是個叛徒！」

過去太看重他，如今由愛生恨，恨得牙癢癢。這副模樣讓周遭的人對勝浦開始敬而遠之。

山田原先希望自立門戶後，依然可以和勝浦維持友好關係，甚至能有生意上的合作，然而見勝浦怒髮衝冠的模樣，這份願景也泡湯了。

山田為慶祝公司成立而舉辦派對，雖然也邀請了勝浦，不過他非但不出席，還嚴禁下屬參加派對。光是這樣還不夠，他甚至不時出手妨礙山田做生意。

遭受主管騷擾，你可以這樣聰明行動

剛起步的山田，還沒有足夠的力量應付勝浦的妨礙，於是不久後，山田便將活動據點轉移到首都圈以外的小城市，避開勝浦的侵擾。

勝浦一心從中作梗的行為，反而成了自己公司業績的絆腳石。他錯誤的商業策略，屢屢喪失因應狀況變化、重整旗鼓的機會。

不過他的所作所為**本來就不符合做生意的道理，一味地無視利益、干擾**

他人。到了勝浦晚年，公司經營狀況變得岌岌可危。

挽救這次危機的不是別人，正是山田。

山田離職後，仍然和部分留在原公司的員工、勝浦的繼承人保持一定的聯繫。收到勝浦的訃聞後，山田出席喪禮弔唁，重新開啟與往昔同事之間的正式交流。

山田的公司在地方積蓄了一定的實力，如今以勝浦過世為契機，再次打進東京。山田的公司與勝浦的公司攜手合作，再加上山田對前東家伸出援手的意義非凡，勝浦的公司總算起死回生。

避免意氣用事，幫助你正確判斷的基準

《孫子兵法》（火攻篇）接下來的一段話是：

「合於利而動，不合於利而止。」

意思是說，合乎國家利益才能動員作戰，若不符合國家利益則萬萬不可動兵。

商場上的行動基準即為**「合乎利益」**。

換句話說，一切行動必須符合公司利益。能否明辨盈虧，是生意成功與否的分歧點。

時時關懷下屬，營造愉快的工作環境

比起「工作改革」，「玩樂改革」更能提高產能

上班族工時過長，是現代職場長年以來的問題。雖然政府鼓勵公司改革工作方式，但實際效果並不顯著。

最近也越來越多企業要求員工不要加班，早點回家。

然而聽取基層意見後，發現也有一些人對這項政策不抱期待，認為「這樣只是把工作帶回家而已，工作量並沒有改變。」

日本企業經常為人詬病的問題就是「沒效率」，毫無意義的冗長會議、

「只要加班就等於有在工作」的錯誤觀念、偏激的「根性論」[2]……對此，《孫子兵法》早已有所勸戒：

「其用戰也，貴勝。」（作戰篇）

戰爭造成的消耗甚鉅，應當速戰速決，拖得太久只會疲憊不堪。

那麼我們該怎麼做？

序章中提過，不要只看事物的單一面向，具備多元觀點十分重要。於是有個人就以相反的角度來重新審視如何「改革工作方式」，因而獲得靈感，想出一套優良的解決方案。她捨棄了「工作方式」的觀點，而是從「玩樂方式」的角度看待這項問題。

擔任企業人心理衛生諮商與組織開發顧問超過二十年的川西由美子女

2　根性論：講求毅力、鼓勵不屈不撓的教育方式，被視為日本民族精神的展現。

士，指出了工作方式改革上的問題。

「一味要求業績達標的陳腐作風，無法令工作者感受到工作的價值與喜悅，只會產生被迫工作的感覺，令人越來越疲憊。」

川西女士表示，必須讓每一位工作者學會用自己的腦袋思考，積極行動——這類型的工作者稱為「自律型人才」。

那麼，只要改變一下玩樂的方式，就能變成這樣的人嗎？

川西認為：「改善下班後與假日的生活方式，讓身心充飽電，並重新審視自己的工作意義。想消除『被迫工作的感覺』，那就積極將『玩樂』計畫排入下班後與假日的時間。這麼一來，便能有效減少被公司綁架的時間。」

換句話說，需要改革的不是工作方式，而是「玩樂的方式」。

所謂的「工作改革」，本質上應為「改革讓人工作的方式」。若不改善，工作者恐怕無法積極面對工作，周末也只會渾渾噩噩殺時間，而這些都是造成身心疲憊的原因。

設定明確的「玩樂計畫」

以川西長年鑽研企業憂鬱症防治的經驗來看，落實玩樂改革的企業，在憂鬱症問題上也獲得了大幅改善。

孫子課長解釋：

「戰爭會造成龐大損害，消耗大筆戰費，甚至動搖國本。一旦正式開戰，就必須擬定『退場策略』，也就是設定一個目的。

以商業的情況來說，即是必須設定好希望達到的目標，並縝密規畫通往目標的程序。

不管是設定目標還是排程管理，一項計畫從終點逆推回來檢視時，都應該顧及可行性。目標設定的期間若只有一天，那麼可以設定『今天五點下班後要去約會』，一個星期的話則可以設定『周末來場兩天一夜的露營』。像這樣排定行程，就能將玩樂當作一個『不可動搖』的目標，無論發生什麼事都要確實執行，進而改善懶散的工作狀態，提高效率。會議也一樣，如果不設定一個結束的時機，只會一直拖延下去。具體設定會議結束時間，也會加快大家討論的速度，省下更多沒意義的時間。」

工作漫無目的，是最折磨人的事情。

「光是待在公司，就會給人一種辛苦加班的印象。」抱著這種心態死黏在辦公桌前，正是導致憂鬱的一大原因。

「這套改革方案所追求的，並非按部就班邁向工作終點，而是翻轉舊思維，想辦法以更有效率的方式獲得成果。」

第二章

讓勝利手到擒來的關鍵

如何說服久攻不下的對手

趁對方休假時私下親近

與強大的敵人正面對決勝算不大，所以要換個方式，找尋可乘之機，攻擊對方的弱點。

《孫子兵法》中關於這點的記述如下：

「行千里而不勞者，行於無人之地也。攻而必取者，攻其所不守也。」（虛實篇）

長距離行軍之所以不會疲乏，是因為選擇了沒有敵軍的路線。每次發動攻擊都能成功收取戰果的關鍵，就在於瞄準對方防守薄弱的部分。

欲採取這種戰法取勝，首先要仔細觀察敵方情勢，勤於蒐集情報。

任職化學藥品原料製造商的田所泰明（化名），便是藉此獲得成功的商業人士之一。

他是一名業務，幫公司賣出了不少產品，卻遲遲拿不到A公司的訂單。由於另有一家製造商搶先和A公司建立了穩固的合作關係，田所的公司根本就沒有介入餘地。即便如此，田所還是滿腔熱血，堅信「A公司若願意進貨，也能增加我們公司的信譽。」

然而，縱使田所親自和負責窗口見面，對方也一副愛理不理的樣子。於是，他決定改變戰略。

既然對方平常工作時怎麼樣都不為所動，不如就挑對方工作之外的時間發動「攻勢」。

他的目標不是窗口，而是越級找上了對方的社長。他先翻閱那名社長的訪談與報導，摸透對方的興趣和行動，得知社長習慣在附近公園慢跑，於是也開始到那座公園慢跑。碰頭幾次後，他們開始會在坐著休息時交談。

不過田所並沒有馬上談工作的事情，而是花時間一點一點親近對方，直到聽見社長說自己有養吉娃娃時，心裡歡呼一聲：「讚啦！」

因為田所在事前調查時，早就知道社長非常疼愛自己的吉娃娃，所以也仔細蒐集了跟吉娃娃有關的情報。

「養吉娃娃啊？不瞞您說，剛好我太太這陣子想要養狗，也覺得吉娃娃好像不錯。」

這更拉近了社長與田所之間的距離。

「不如你們找個時間來我家坐一坐吧。」社長主動提出了邀約。

無論再親密，不到最後一刻都不能講明目的

即使已經熟到這個地步，田所還是沒有表明自己的身分。

「對了，你是做什麼工作的？」兩人認識好幾個月後，社長才問他這個問題。當他一派輕鬆地告訴對方自己的工作內容，並在最後說出公司名稱時，社長的表情看起來略顯吃驚。

於是田所便和原本久攻不下的Ａ公司做起生意了。

孫子課長解釋這項例子成功的祕訣。

「田所值得嘉許的地方，除了事前周詳的調查之外，就是他發動奇襲，選擇對方工作之外的時間接近對方。尤其他絕對不會讓對方感受到一絲一毫『業務』感，這點很不容易。」

之後事情怎麼發展？

田所的公司和Ａ公司的關係越來越緊密，他也受到自家公司重用，飛黃騰達。

Ａ公司的社內刊物中，甚至刊登了田所的訪談報導。到了這時，他才以「這都是陳年往事」的前提下，公開自己與Ａ公司做生意的來龍去脈。

社長（當時已經退居二線）讀了這篇報導，不禁撫掌大笑。

社長對此辯稱：「其實我跟田所先生認識一段時間後就察覺他的意圖了，但看在他這麼有熱忱的份上，我才假裝被他騙的啦。」

這番話的真實性究竟有幾分呢……？

別和強敵硬碰硬，而是借力使力

主動介紹競爭對手的商品

《孫子兵法》告訴我們，面臨強大的敵人，應避開正面衝突。誘騙敵人、加以利用才是上策。

「故善動敵者，形之，敵必從之；予之，敵必取之。以利動之，以卒待之。」（兵勢篇）

善於誘敵的人，會偽裝自己的陣勢，使敵人輕舉妄動；會給予敵人好處，使敵人上鉤；以利益吸引敵人靠近，再趁隙發動攻勢。

位居某汽車經銷商業績龍頭寶座的葛西博人（化名），曾談及他在二線都市擔任業務時的一些甘苦談。

「我那時一直沒辦法贏過規模龐大的競爭對手，相同的區域範圍內，我們公司只有我一個負責業務，但對方有兩個人在跑，根本沒辦法抗衡。於是我就抱著一個人當兩個人用的心態，每天都跑業務跑到很晚，經常跑到三更半夜，就算到了小酒館喝酒也還在遞名片。可是這麼做令我身心俱疲，沒能持續太久。我怎麼樣都敵不過對手公司兩倍的戰力。」

那麼，葛西採取了什麼樣的奇招呢？

某次他參與地方商工會議的宴會時，和對手公司的業務碰個正著，於是藉機遞名片給對方，並積極搭話。接著他說：**「實不相瞞，我有位客戶的朋友說想要買貴公司的車，方便的話讓我介紹給您如何？」**

對手公司的業務十分訝異。

日後，葛西親自包辦了那名顧客向對方公司購車的一切手續，從收錢一路到交車。站在對方的立場，這等於是天上掉下來的一筆業績。從那之後，葛西跑業務時，只要對方有意願，便會積極介紹對手公司的車子給客戶。

提供對敵方有利的資訊，反過來利用敵方的力量

一開始，對手可能還多少有點警覺，之後戒心也越來越鬆懈。

漸漸的，對手公司如果碰到客戶想要購買葛西公司的車時，也會轉介給葛西。

不光是這樣，他在拜訪對手公司老客戶的過程中，也開始聽到有人說：「其實我朋友有考慮要買葛西先生公司的車……」

畢竟對手的業務網路可是靠兩倍人數開拓出來的，葛西能得到的東西，

遠比對方多上許多。

與其直接對抗強大的敵人，不如擺出恭順的姿態，讓對方接納自己，進而利用對方的力量——這才是聰明的做法。

孫子課長解釋：

「光是坐著空想，情報也不會自己送上門。必須敞開心房，主動提供對方好處。因為就常理來說，人不會沒事把自己的事情告訴別人，所以只要主動送出情報，就會收到相對的反應。」

客訴是一座資訊寶庫

客訴會催生出暢銷產品

若想獲得寶貴的資訊，就得廣泛接納外部員工和顧客的聲音。尤其碰到投訴的客人時，細心應對很重要。

我也見過動不動就看投訴客人不爽，只想敷衍了事的企業。如此一來，不光導致顧客流失，**很多時候，客訴中還潛藏著有助於改善商品或服務的重要情報**。

曾經有家電器製造商的高層規定，無論接到多小的客訴，都必須呈報公司的研發部門。

有次，販賣處接獲一名主婦的抱怨：「我們不是只有拿菜拿魚的時候才會打開冰箱，有時候只是想拿個冰，卻還是得把整扇門打開，害冰箱的溫度上升。電費那麼貴……」

受到這項抱怨啟發而誕生的新產品，就是有兩扇門的冰箱。

這種新型冰箱分成保存魚類蔬菜用的冷藏室，還有製冰用的冷凍庫。雖然現在雙門、三門的冰箱隨處可見，但在這項發明問世之前，冰箱都只有一扇門。

因主婦抱怨而催生的雙門冰箱，旋即成了公司暢銷商品。

孫子課長分析這個例子背後的道理：

「對外敞開心房，更容易接獲有用的情報。反過來說，如果緊掩心扉，對外不聞不問，只會阻礙自己接收有價值的資訊，很多時候，甚至會造成龐大的損失而不自知。」

預測對方如何出招

大數據時代降臨前，人們是這樣打棒球的

若能預測敵人如何出招，自然就有辦法拆招，幫助我軍迎向勝利。

重點在於有沒有辦法看透對方的計謀。

「眾樹動者，來也；眾草多障者，疑也；鳥起者，伏也；獸駭者，覆也；塵高而銳者，車來也；卑而廣者，徒來也。」（行軍篇）

樹林窸窣晃動，代表敵軍在森林中移動；野草叢生、障礙遍布的地方，可能藏有敵軍設下的埋伏；鳥兒群起飛出樹叢，代表敵軍伏兵正在散開；野

獸受驚奔出，代表潛藏於森林中的敵軍發動了奇襲；沙塵高揚且銳直，代表戰車部隊正在前進；沙塵低舞，漫開一片，代表步兵部隊正在前進。

現代運動競技上，利用資料來分析對方戰術已是司空見慣。例如反覆觀看對手比賽影片，藉此解析動作、找出習慣等，尤其棒球可說是開創了這方面的先河。

說起運用數據資料分析棒球的先驅，不能不提到野村克也。他最初以練習生身分效力於南海鷹隊，日後創下三冠王的輝煌成績，退休後也擔任過數支團隊的教練，帶領球隊拿下總冠軍。

這種徹底分析資料、用腦袋來打球的作風，人稱「野村棒球」，又名「ＩＤ（Important Data）棒球」。

話雖如此，野村當初投身棒球界時，日本職棒還處於草創期，根本沒有所謂的資料分析，頂多只有當時南海隊的鶴岡一人教練率先引進「記錄員制度」。所謂的記錄員，就是要詳實記錄比賽中的一切，例如對方的投手投的球種、打者如何處理。鶴岡教練會蒐集眾多對手的資訊，擬定各項策略。

話雖如此，那個時代也不存在什麼打擊理論、棒球理論，據說有次野村在打擊上碰到瓶頸時，請鶴岡提供一些建議，沒想到教練竟然回他：「當然是球到本壘板上方時揮棒就好啦！」當時的資訊就是如此貧乏。

觀察數據，建構勝利方程式

絞盡腦汁的野村，抱著死馬當活馬醫的心情，大量閱讀各種棒球書籍。他讀到一本美國大聯盟球星泰德・威廉斯（Theodore Samuel Williams）所撰的打擊理論，其中有一段看似稀鬆平常的話，引起了野村的注意。

「投手在投球前，就決定好要投的球種了。」

理所當然的一句話，卻在野村的內心中不停回盪。

「如果能在投手投球前得知他要投什麼球，打擊起來就輕鬆多了……」

野村產生這個想法後，開始徹底研究對戰投手的投球動作，並**成功透過對戰投手微小的習慣動作預測球種，打擊表現也顯著躍升**。

我曾經當面請教野村是如何判別投手要投什麼球，他說其中一個指標是手腕。雖然球投出去的瞬間，看不清楚手指握球的動作，但手腕卻能看得一清二楚。手腕上的筋，會因握球方式不同產生些微差異。

因此有一段時期，許多投手會在制服底下多穿一件長袖內衣，好遮住自己的手腕。

之後，野村屢創佳績，成為戰後第一位「打擊率」「全壘打」及「打點數」都達成全聯盟第一的三冠王。

「養成敏銳觀察力，研究敵人（對手），掌握對方出招模式，事先研擬好邁向勝利的對策。」

隨機應變，就能導向勝利

瞬息萬變的職場

身處戰場，不一定每次都能將情資蒐集做得完美無缺。實際上，錯誤連連才是常態，但成敗的關鍵在於能否避免致命的誤判，或是能否靈活地隨機應變。

「凡戰者，以正合，以奇勝。故善出奇者，無窮如天地，不竭如江河。」（兵勢篇）

戰法分成「正攻法」與「奇襲法」，根據不同戰略組合，可以衍生出無限種變化。

除此之外，孫子也指出：

「夫兵形象水，水之形避高而趨下，兵之形，避實而擊虛，水因地而制流，兵應敵而制勝。」（虛實篇）

用兵應當如流水自高處流向低處，避開敵軍布陣完整的地方，攻擊敵軍兵力單薄的部分。水會依據地形而流動，用兵方法一樣要根據敵軍陣容調整，所以陣勢不會有固定的模樣，如同水沒有固定的形狀，應根據敵情臨機應變，方能勝利。

換句話說，眼前的狀況時時刻刻都在改變，所以必須因應變化改變自己的態勢。

這時需要的，便是**彈性十足的組織結構**。

情報蒐集能力不足，將帶來莫大損失

美國企業家大衛．麥奎爾（化名）撒下大筆鈔票，買下一座小山。在麥奎爾的設計藍圖中，他預計要蓋一座渡假飯店，或是開發成住宅區。

然而他買下山後才發現一件不得了的事實：山中棲息著一種具有劇毒的響尾蛇，人根本連靠近都無法靠近。

麥奎爾十分懊惱。事到如今，即使埋怨「被騙了」也無濟於事，只能怪自己情報蒐集不到位。當初沒有仔細調查當地狀況，事情發展成這樣也是自食惡果。

購置房屋前，除了物件本身之外，周遭環境也需要好好調查。而且慎重起見，最好平日、假日的白天、晚上都去看看。麥奎爾失敗的原因，就是調查不夠充分。

他也考慮過驅逐響尾蛇，然而聘請專業人士調查過後，發現所費不貲，銀行也拒絕貸款。

此外，假如投入如此龐大的資金，會導致成本過高，沒有餘力應付周遭競爭廠商的開發行為。

將缺點變賣點的彈性思考

麥奎爾千方百計想解決這個問題，最後，他一八〇度翻轉思考，想到一個點子——他可以建設成一座「響尾蛇公園」。這項起死回生的最後手段，將缺點轉換成「賣點」來宣傳，意外引起不錯的回響。不僅吸引到一些對蛇又愛又怕的人，更招來了許多早已厭倦俗套景點、喜歡新奇事物的觀光客。

接著，他更進一步利用原先大大阻礙開發的響尾蛇，嘗試製作蛇皮皮夾作為當地特產，同樣大受歡迎，於是便接著生產更多皮包或皮帶等蛇皮產品，成功獲取龐大利益。

如果麥奎爾照原定計畫興建渡假飯店或住宅區，收穫恐怕不會如此豐碩。

「這項案例的成功要訣，即是將缺點變成賣點。由於採取『正攻法』的勝算渺茫，所以他不和周圍的同業競爭對手擠同一個戰場，也就是不蓋住宅區和渡假飯店，而是發動名為『響尾蛇公園』的奇襲。正因如此，他才能在強敵環伺的情況下，避免長久的拉鋸戰。」

比起強者，「無形者」更能倖存下來

無法因應變化的組織，終將滅亡

戰場上的情勢，在眨眼間即風雲變色。指揮官得看清變化，瞬間判斷該如何部署兵力。

「故兵無常勢，水無常形，能因敵變化而取勝者，謂之神。」（虛實篇）

陣勢不會有固定的形式，唯有因應敵情隨時變化而獲得勝利者，才稱得上用兵如神。

商業的世界同樣以前所未有的速度，分分秒秒變化不息。進入數位時代後，技術越來越進步，IoT（物聯網）、AI（人工智慧）等科技誕生，不少熱銷商品轉眼間便可能遭到淘汰。

拿數位化革命來說吧。以往享受音樂的主流方式，不外乎使用唱機播放黑膠唱片，然而數位化的過程中，CD問世，黑膠唱片漸漸失去主流地位。如今使用者更可以直接從網路上聆聽樂曲，所以CD也漸漸式微。

甚至有些企業來不及搭上數位化浪潮，因而退出市場。

例如數位相機發明後，傳統相機底片也漸漸從店面消失。許多跟不上時代變化的底片廠商一一殞落，例如美國伊士曼柯達公司最後便淪落到破產的結局。

至於日本最大的底片商富士底片則成功轉型，將主力商品從相機底片轉移到醫療影像與內視鏡等領域。

業界第二大的柯尼卡（今柯尼卡美能達），也成功將主要產品轉移到多元印刷系統上。

在這個變動劇烈的時代，必須具備「**敏銳察覺時代動向，並順勢改變自己」的能力**。

因此，整個組織與個人的思維都必須保持良好彈性，這就是孫子提及的「無形」。

「組織僵化、經營者和管理者對情報敏感度下降、不懂得挑戰求進步的公司，到頭來只有走上滅絕一途。唯有不斷隨著環境改變自己，時時重生的公司，才能存活下來。」

領導者必須兼具威嚴與親和力

過於嚴厲的缺點

上位者確實要有威嚴，然而一旦太過嚴厲，也會令下屬不敢親近，以至於**接收不到下屬所獲取的有利情報**。

因此，身居上位者必須巧妙拿捏威信與親和的平衡。

「道者，令民與上同意者也。」（始計篇）

治國之道，便是君民一條心。

從離職者身上學到的事

建設公司的飯島義明（化名）為第二代社長，繼承了父親創立的公司。父親為了讓他繼承社長大位，從小就讓他接受領袖教育。

儘管公司與地方關係緊密，乍看之下一帆風順，飯島總卻覺得「有個地方」不太對勁：「如果換個更好的做法，公司應該也會更加興旺。」

他發現，問題出在**員工流動率太高**。飯島以往只會以「現在的年輕人也就這點斤兩」的心態看待這件事，直到某天，有位員工要離職，大家舉辦歡送會時，他才知道原來那名員工是為了照顧父母，需要換一份上班時間可彈性調整的工作。他感到非常震驚，心想：「什麼啊，如果是這樣，那我可以幫他調整成排班制就好啦⋯⋯」

拆除上下隔閡，打造舒適自在的環境

飯島深切地自我反省：「這麼說來，我以前根本就沒想過要花心思了解員工。」

於是他大刀闊斧，進行公司內部改革。他將社長室改裝成玻璃隔間，並且將門敞開，讓員工隨時都能輕鬆走進來。

此外，他下令禁止同仁在公司內稱呼彼此時加上「社長」「部長」「課長」等職稱，全部都以「先生」「小姐」來稱呼。像社長就是「飯島先生」，而社長在稱呼一般員工時，也都會加上「先生」「小姐」。

社長試圖拆除上下階級之間的隔閡，創造更舒適自在、資訊更流通的環境。

這麼做之後，社長得以了解每一名員工的需求和煩惱，員工也願意留下來，外部的情報更容易傳到他耳中了。

孫子課長說：

「上位者自然需要保有一定的威嚴，這也是為了讓下屬遵守規範所不可或缺的要素。然而一旦過頭，反而會造成組織氣氛緊張，沒有人願意坦白說出心裡話。打造舒適自在的環境，也是指揮官的職責。另外，想讓情報傳遞更順暢的話，還有一項祕訣，就是該展現威嚴的時候展現威嚴，該放下身段的時候放下身段。」

對付強大的對手，需要「差異化策略」

如何與強大競爭對手保有差異性

若對手公司實力堅強，資金與人力都遠遠勝過己方，那麼我們應該要避免正面交鋒。

對付「強者」，一般會採取行銷上十分常見的「差異化策略」，強調己方與對手之間的差別，藉此形成優勢。

至於強者為了擊潰弱者、擴大市占率，通常會正面進攻，推出同樣的產品加入競爭，這種戰略稱作「同質化策略」。

站在弱者的立場，必須盡可能**避開強者的「同質化策略」**。為此首先要觀察對手動向，並基於觀察結果掌握對方基本戰略，施行差異化。

其中一項戰略，是模仿已經上市的熱銷產品，但這種做法只能獲得暫時性的利益。想要長久生存，不能靠模仿，必須仔細偵察敵情，推出異於對方的產品。

「敵近而靜者，恃其險也。」（行軍篇）

明明我軍已經接近，敵方卻沒有動靜，這就代表敵軍所處位置有利，有恃無恐。

對付大型連鎖店的聰明戰術

摩斯漢堡的創辦人櫻田慧，便是成功與強大對手做出區別的絕佳案例。

櫻田從日本大學經濟學系畢業後，進入證券公司工作，然而該公司非常重視學歷，造成各大學的校友派系壁壘分明，東京大學和一橋大學尤其吃香。不屬於任何一派的櫻田感覺自己付出得不到回報，久而久之便失去了幹勁。

於是他下定決心：「我要走不一樣的路。」

他選擇的職涯發展，是連鎖漢堡店。

當時恰逢麥當勞在日本開設第一間分店，而櫻田本身曾在洛杉磯工作過，這些情況與經驗，讓他確信日本人也能接受道地的漢堡。

他四處募集資金，埋頭研究漢堡的做法，好不容易要開設第一間分店時，對手麥當勞的規模已經相當成熟了。

無論是資本還是知名度，櫻田都不是對手。自己投入的本錢加上跟朋友東借西借才終於湊齊的創業資金，在摩斯漢堡一號店正式開幕之前已經消耗了不少。

相對於麥當勞一號店開在鬧區中的鬧區——銀座的三越百貨，摩斯漢堡一號店的店址則顯得偏僻，位於東京板橋區成增車站前的一塊空地，根本不知道要拿什麼跟如此強大的對手鬥。

不要跟強敵站在同一個擂台上

於是櫻田決定走出與對方完全不同的路線。

首先，他仔細觀察並研究對手。

既然麥當勞的模式為大量生產、重視速度、低價販賣，那不如換個方式，主打**「每一份餐點雖然製作費時，但絕對都是保證美味的高級品」**。

如果麥當勞開在站前等交通便利的地方，吸引大量客人上門，那麼櫻田的客群，就鎖定那些「即使店面位置稍嫌不便，仍會專程來吃摩斯的人」。

由於餐點製作時間長，加上十分注重品質，所以商品價格也較高。

不過對口味的堅持，確實養出了許多粉絲，摩斯也因而坐上日本速食業界第二名的寶座，成功讓股票上市，躋身大企業林立的東京證券交易所市場第一部。

幾年後，以麥當勞降價為首的削價競爭席捲了整個速食業界。該次的削價競爭演變成消耗戰，各家公司行號與店面的收益一路下滑，但摩斯仍堅守初衷，維持亮眼的業績。

想在強大對手環伺的業界中生存，千萬不能與強敵站在同一個擂台上戰鬥。

「徹底研究對手，看穿其戰略，並打造只屬於自己的武器，才是勝利之道。」

將據點設在強敵不會來的地方

強敵總是靠蠻力主動擊潰弱者

與強敵硬碰硬一點勝算也沒有，應該要像前一章介紹的摩斯漢堡一樣，找出對方的盲點，閃避攻擊。

例如藉由利益誘導敵方（對手），自己則在敵方（對手）不會靠近的地方布陣。

「攻而必取者，攻其所不守也。守而必固者，守其所不攻也。」（虛實篇）

一旦發動攻擊便能成功收取戰果的人，是因為攻打了對方防守薄弱的部分。其防守之所以穩如泰山，是因為守在對方本來就不會攻擊的地方。

經營零售食品連鎖店的小湊陽一（化名）碰到了非常強大的競爭對手。他曾和對方在同一個區域開設店鋪，結果慘遭挫敗。

原本還信誓旦旦，心想「競爭對手算什麼東西」，但最終還是敵不過對方雄厚的資本與知名度。

再怎麼弱小，在對方眼裡也還是挑戰者，既然出現在同一個區域，勢必會燃起對抗心理。對方投入雙倍宣傳費用，並推出大型優惠活動，不惜赤字也要設立特賣日，傾力擊潰小湊的商店。

小湊的店生意慘澹，開幕不到一年就面臨撤離與否的抉擇。

攏絡對手目標之外的客戶

後來，小湊一百八十度翻轉戰略，改挑對手公司不會看上的地方開設新分店。

具體來說，對手店面都開在大型轉運站和許多交通路線匯集的車站，也就是大型車站附近的繁華商圈。小湊則反其道而行，如果對手在大車站展店，那他就找小車站周邊設點，**在對手公司瞄準的商圈外圍開設新店**，吸引對方目標客群以外的其他客戶。

除此之外，他還會觀察對手公司的動向，決定開幕時間。

對手一開新的店面，小湊也馬上開一間新店面。因為他認為對方開了一間新店後，不會有多餘的資金立刻再開一間新店。

而且對方開設新店時會大肆宣傳，讓其產品深入在地人的生活，這時小湊再趁勢滿足顧客「不想特地跑到隔壁車站，最好在附近就能買到同樣商品」的需求。

小湊的營業額並不及競爭對手，但**即便規模小，他也緊緊抓住了屬於他的顧客，腳踏實地提高獲利。**

與其擠進大型商圈和強大的敵人競爭，不如轉戰小型商圈，在沒有競爭對手的地方扎實經營穩固的客群，這才是上策。

「有句話叫『走為上策』，雖然並非出自孫子兵法，但同樣是一項戰略。避免戰敗的要訣，就是不與對方戰鬥。」

第三章

別被這種謊言給騙了

迅速行動與資訊操作，是成功利器

只靠一項情報就能發大財的祕訣

「兵者，詭道也。」（始計篇）

翻譯成白話，意即「戰爭是欺敵的行為」。

這是《孫子兵法》中相當知名的一句話，點出了資訊戰中相當關鍵的要素。

商場如戰場，重要的是如何比敵人（對手）更早獲得正確的情報，讓對手產生誤解，營造利於己方的戰局。

有人就是靠著在資訊戰場上占得先機，藉由操作情報，賺進一輩子都用不完的財富。

世界知名財團羅斯柴爾德（Rothschild）家族在歐洲建設銀行，富可敵國。家族成員之一、遠赴英國發展的奈森（Nathan Mayer Rothschild）便是那名僅透過一項「情報」，就賺進了大把鈔票的人物。

奈森在金融界闖出一片天時，法國處於拿破崙統治時代，而拿破崙的魔爪當時正伸向奈森所在的英國。

英軍與法軍展開劇烈衝突，史稱「滑鐵盧戰役」。

當時的世界金融中心位於倫敦，但假使英軍戰敗，這個位置將拱手讓給法國。

於是英國聯合荷蘭，成功擊破法軍。奈森透過自己的特殊管道，搶先得知拿破崙戰敗的消息。

理論上，英國如果勝利，國內的股價與國債價格便會上漲，倘若敗北，則會暴跌。至於奈森採取了什麼行動呢？

他反向操作，「賣出」國債。

觀望奈森動向的其他金融業者因而判斷：「英國戰敗。拿破崙勝利了！」於是倫敦市場上的投資人一窩蜂將手上的國債「脫手」，市場陷入恐慌，英國國債價格與股價暴跌。

奈森見狀，立刻轉變行動，瘋狂「買進」，搜刮形同廢紙的股票與暴跌不止的英國國債。交易所的所有交易結束時，奈森已經握有六二％的英國國債。

不久後，英國戰勝拿破崙的消息傳回國內，國債價格與股價應勢飆漲。

他以三百萬美元買進的股票、國債價格急遽上漲，最後膨脹了兩千五百倍，價值七十五億美元。

快速掌握正確情報，操控周遭

奈森成功的主因，是他搶先一步掌握重要情報，且不動聲色，沒有傻傻讓市場知道，誘導其他投資者誤判情勢，做出錯誤的行動。**「奈森的反向操作」**至今仍是為人傳誦的一項事蹟。

孫子課長解析：

「奈森搶先獲得其他人都還不知道的情報，但更重要的是他懂得將情報活用到最大限度。換句話說，他十分了解只有自己握

有那份情報，而且身邊的人都在關注自己的一舉一動，因此他進一步發揮這些有利條件，讓效果翻上數倍，藉由控制周遭的行動，情報的價值也成了原先的好幾倍。」

「只不過……」孫子課長接著說：

「可千萬不能成為被情報操控的一方啊！也就是說，其他人應該要看清奈森葫蘆裡賣的是什麼藥。那些被奈森牽著鼻子走、選擇脫手的投資家，最終蒙受了損失。若沒有上鉤，反而選擇買進的話，最後就能獲得龐大的利益。」

再三確認情報是否正確

人會根據情報行動

戰爭之際，首先要摸索「敵方想要什麼」「敵方擬定了什麼樣的作戰」。

商場上也是，**敵方（對手）會十分警戒，不讓情報洩漏出去**。

不光如此，**敵方還可能故意釋出假消息來擾亂對手的判斷**。如何對付假消息，可說是成敗的關鍵。

《孫子兵法》如是說：

「夫惟無慮而易敵者，必擒於人。」（行軍篇）

思慮短淺，輕視敵人的人，肯定會遭敵俘虜。

「這段話不光適用於戰爭與商場，所有人類的行動，都取決於五感接收到的外界資訊、情報。若資訊解讀錯誤，便可能造成不利於己的情況。比如沒有事先確認氣象預報就出門，結果碰上下雨，那也怨不得人。」

誤報發生的兩個原因——驗證與偏見

即便是專家，也不時會出現對情報解讀錯誤的情況，這種情況通常是「誤報」。

京都大學的山中伸彌教授因ｉＰＳ細胞（誘導性多功能幹細胞）的相關研究，獲得了諾貝爾生理醫學獎。

在那之前，發生過一起誤報事件，內容為韓國生物學家、複製幹細胞研究者黃禹錫同樣成功製作出了人類胚胎幹細胞（ＥＳ細胞）。得知黃禹錫將成為第一個獲頒自然科學類諾貝爾獎韓國人，韓國社會興奮不已。然而後來有人發現，黃教授的論文中使用了捏造的資料，讓他的名聲一落千丈。

這種研究論文的資料或許很難一眼辨別真偽，但如果趁早檢驗資料正確性，大概也不用讓那麼多期待民眾大失所望了。

至於接下來的案例，則是徹徹底底因為**疏於「驗證」資訊正確性所導致的誤報**。

二〇一二年十月十一日，日本讀賣新聞早報刊載了兩則頭條新聞：「iPS細胞的首度臨床應用」「世界首例 iPS細胞心肌移植」。

這項成果原先預定將於某國際會議上發表，然而到了當天，卻沒見到聲稱「進行了細胞移植手術」的那號人物M，狀況相當可疑。

此外，M擔任客座講師的哈佛大學發出聲明：「哈佛大學與麻省總醫院倫理委員會，一概不承認與M有關的任何臨床研究。」

M雖然在接受採訪時回答「自己動過六名患者的移植手術」，但哈佛的聲明一出，這些說詞也就不得不打上問號。

之後，報社與各方媒體開始纏著M不放，在媒體窮追猛打之下，終於揭穿了M一個又一個的謊言。結論是，讀賣新聞做出了「嚴重的誤報」。

讀賣新聞對此表示：「該報導是根據M所提供的論文草稿、細胞移植手術影像等資料，加上長達數小時的當面訪談所編撰而成。」

然而就結果來看，最終仍必須歸咎於採訪不夠縝密，資訊蒐集、情報分析都有欠周全。

換句話說，讀賣新聞最大的敗筆，在於他們對於採訪M時獲得的一切資訊**照單全收**。

他們並沒有「**驗證**」資料內容，比如向進行手術的麻省總醫院和實際接受手術的患者確認資訊。

孫子課長嚴厲指正：

「受騙方也許覺得『很難想像擁有一定社會地位的人會撒這種謊』，但這種偏見最致命。無論如何都必須設想所有可能，仔細分析情報。」

別忘了蒐集「己方」情報

不僅關注敵方，也要注意己方動向

戰爭是由一連串的「謬誤」所構成。之所以這麼說，是因為沙場上盡是相互欺瞞、隱藏己方動作的行徑，所以才會有偵查隊和間諜的存在，負責探查對手動向，調查敵方情勢如何、下一次會怎麼出招等。

不過，**除了蒐集敵方資料，我們也要以同樣的細心程度來掌握己方（例如下屬和客戶）的動向**。

身為上司，對員工狀況掌握得越詳細越好。

股票上市的企業，必須對外公開事業內容、結算內容、財務狀況等資訊。

然而有些企業一旦財務狀況惡化，就會幹出「做假帳」等違法勾當。這麼做的理由，可能包含害怕失去客戶的信賴，影響生意，以及避免股價下跌、銀行拒絕貸款等。

和那種企業往來的人，必須一一拆穿「謊言」，才能避免巨大的損失。

《孫子兵法》中也提到，用心觀察，就能預測出敵軍下一步的行動。

「眾樹動者，來也；眾草多障者，疑也；鳥起者，伏也；獸駭者，覆也。」（行軍篇）

這段話便是教人要仔細觀察情勢，看透敵方的作戰。

如何看穿客戶的破產徵兆

若能及早發現客戶即將倒閉，便能趕緊切割，倖免於難。

永山芳樹（化名，時任業務部長）就是聽到了下屬稀鬆平常的一句話，因而察覺到客戶的異狀。

那名下屬在跟其他同事吃飯時聊到：「**總覺得啊，最近Ａ公司的人老是忙得不可開交，慌得跟什麼一樣。**」

永山聽到後心生疑竇，於是便以「打招呼」為名義親自走訪Ａ公司一趟。當時是傍晚，永山並沒有發現Ａ公司哪裡不對勁。

「難不成是我多心了嗎……」

離開Ａ公司後，永山到附近的小餐館吃飯。過去常在外頭奔波時，他經常上這間小餐館，一進門就受到熟悉的老闆娘熱情歡迎。

「我還以為永山先生闖出名堂後就不來了呢。」

「這麼說來，我以前還會為了來這邊吃飯，特別跟 A 公司約中午時拜訪呢。」

閒聊之餘，他也跟老闆娘打聽消息。

「大嬸，最近生意怎麼樣？」

「最近不太好呀，尤其是晚上……**都是因為 A 公司禁止員工加班，甚至連晚餐費也不發了**，所以 A 公司的客人少了好多喔……」

「啊！」永山在心裡輕輕叫了一聲。

之後，他進一步調查 A 公司的狀況，判斷「A 公司倒閉是遲早的事」。

於是他直接向社長提出建言，希望能重新檢討與Ａ公司的往來狀況，最起碼也要改成用現金交易。然而Ａ公司是從上一代社長的時候便建立關係的老客戶，因此社長顯得不太情願，不過在永山積極勸說之下，還是決定縮小與Ａ公司的交易規模。

紙終究包不住火

數個月後，Ａ公司果真付不出款項，說破產就破產，所幸永山的公司成功將損失控制在最小的程度。

孫子課長如此評論這個案例：

「隱瞞問題是人之常情，這種情況也會發生在自己人身上。如果沒察覺同伴隱瞞著問題，也會造成天大的損失。

所以有時會面臨不得不拆穿對方的情況。就算對方再怎麼死守祕密，終究會露出一絲馬腳。這種時候，情報敏感度或入微的觀察力就會成為成敗的分水嶺。」

過度揣測上司心思，可能導致誤判

中階主管決定了組織的素質

軍隊也好，公司也好，所有組織裡的中階主管，都是最難做人的存在。如果太過在意「上面」的臉色，老是唯唯諾諾，可能會失去下屬的信賴。尤其過度揣測高層的心思，會令整個組織失去靈活的彈性。

「將弱不嚴，教道不明，吏卒無常，陳兵縱橫，曰亂。」（地形篇）

將軍性情太過溫和、軍令不明確、官吏士兵的職權範圍模糊、布陣隨便，這些都會害軍隊雜亂無章。

該不該捨棄赤字連連的經典產品？

芝浦浩三（化名）進入一間人數不到五十名的公司，主要事業內容為製造並販賣新創產品。目前已經任職第八年，他當上了課長，第一次出席有董事參與的企畫會議。

會議最後，芝浦提出了他與年輕員工抱持許久的疑問。

他針對某商品進行發言：「為什麼這項赤字連連的商品，到現在還沒停止生產呢？」

不光是他的頂頭上司，就連幾位董事也都突然面無血色。會議室鴉雀無聲，而打破僵局開口的，是已經將位子傳給兒子、實質上退居二線的會長。

「說的也是，那已經是過去的東西了，要淘汰就淘汰吧。」

會長拋下這句話，便離開了會議室。

中階主管的悲哀：看上司臉色做事

芝浦以外的員工都在揣測會長真正的想法，但始終猜不透。

其實，那是會長創業時獨自開發的商品，在公司剛起步階段，這項商品曾為他賺進龐大利益，打下了公司的地基。

隨著時代變遷，商品銷量雖然不如以往，但仍形同里程碑，具有紀念意義，所以一直沒從型錄上拿掉。

芝浦之所以提出這項建言，是因為他聽其他業務提過，老客戶看到那件商品時都異口同聲表示：

「這件商品居然還有在賣？真令人懷念。」

「現在這個時代，這種東西根本沒什麼用。」

然而，**面對素有「天皇」外號的獨裁會長，高層根本沒膽提議要拋棄會長獨自開發、曾帶來莫大貢獻的產品。**

第二代社長不知道該如何看待會長的這番話，於是便偕同創業元老之一的親信，再次請示會長。

「真的可以將那件商品從型錄上移除嗎？」

「不都說過可以了嗎？」

社長才如同吃下一顆定心丸，遵照會長的意思處理。

不過大家這下開始替芝浦感到擔憂。公司內都在傳：「那傢伙搞不好惹會長不高興了。」

但在那之後，芝浦反而平步青雲，一路順利升遷。

過譽和低估，都會衍生錯誤情報

這則範例的寓意之一，是不能拘泥於過去的成功經驗，要持續求新求變。

另外一點，是中階主管不能太在意高層臉色，不能過度害怕上頭的威望。

「我提出這個建言會不會害他不高興？」

「太多嘴會不會惹禍上身？」

很多時候，想太多反而會讓人誤判情況。

在這方面，芝浦就沒有被「過去的亡靈」，也就是會長的威望給嚇到，而是站在公司經營的角度，做出他認為必要的決斷。戰場上經常會出現誤判敵方兵力的情況，有時候高估，有時候低估，在商場上，我們也需極力避免這種情報分析錯誤的狀況發生。

第四章

別讓己方情資被對方掌握

如何讓對方猜不透己方行動

戰鬥的目的不在於競爭

《孫子兵法》中所記載的戰略戰術，可說是「弱者的戰略戰術」，意即戰力貧乏之者對付強大敵人的方法，其祕訣就在於「避開正面衝突」。

但是，要怎麼做才能成功避免正面交鋒呢？

「這種時候就要翻開《孫子兵法》的虛實篇，其中有這麼一段話——」

「行千里而不勞者，行於無人之地也。攻而必取者，攻其所不守也。守而必固者，守其所不攻也。故善攻者，敵不知其所守。善守者，敵不知其所攻。微乎微乎，至於無形。」（虛實篇）

翻譯成白話的意思是：

「長距離行軍卻沒碰上危險、不會疲乏，是因為選擇了沒有敵軍的路線；每次發動攻擊便能成功收取戰果的人，是因為攻擊了對方防守薄弱的部分；防守穩如泰山，是因為守在對方本來就不會來攻擊的地方。

若採取這種戰法，善於攻擊的人，會令敵人不知道該如何防守。善於防守的人，會令敵人不知道該如何進攻。最高深的形便是無形，捉摸不定，令人感嘆既深奧、又玄妙。」

兵力弱勢的軍隊（組織）不會與強敵硬碰硬，而是找尋可乘之機。

戰爭的目的不在戰鬥（競爭），在於勝利（成功）。

不戰而勝的鐵則

「『不戰而勝』乃至高無上的勝利。」

想要不戰而勝，**除了要熟悉敵方動向，也要小心別讓敵方察覺我軍的行跡**。

《孫子兵法》所強調的「無形」，意即**能根據狀況靈活應變**的組織體系。

體系過大而僵化的組織，或許難以對抗外在環境的變化，然而位居弱者立場的小型組織，卻擁有這項優勢。

弱者應當將這項優勢發揮到淋漓盡致。

因應情勢與敵方（對手）的狀態，彈性應對，巧妙躲開強大敵人的攻擊，並且暗中行動，不讓敵人察覺己方情勢。

保密到家，才是最強戰術

孫子課長介紹一則例子，是他認識的某企業在開拓新事業時，成功躲開大企業強力攻勢的真實案例。

「大型飲料製造商 A 公司打算跨足啤酒業，於是暗渡陳倉，瞞過競爭對手，避免他們出手阻撓。因為他們知道，之前有一間

飲料廠商 B 公司也打算販賣啤酒，但卻遭到原本在啤酒市場就占有一席之地的競爭對手的干擾，最後無疾而終。」

當初 B 公司一對外發表即將發展啤酒新事業的消息，另一間啤酒公司馬上有所動作。

想建設啤酒廠，必須事先申請許可。競爭公司得知 B 公司計畫打進啤酒市場，立刻搶先申請擴大自家啤酒廠，使得 B 公司的審查一延再延。

此外，競爭公司還推出新的啤酒產品，並大力宣傳。

B 公司的新啤酒因此變得更不起眼，銷量始終低迷。到最後，B 公司只好撤出啤酒市場。

A 公司詳加研究 B 公司的失敗案例，決定在啤酒新事業上採取**徹底保密的策略**。

公司內所有相關人員都禁止使用「啤酒」一詞，全都以代號來表示。廠房土地尋找與製造設備訂購也都暗中進行。

甚至連研究員赴德國進修時，告訴家人的事由也是「研究威士忌用的麥芽」。

一切準備就緒後，他們便於飯店召開進軍啤酒市場的說明記者會，現場記者一片譁然。

他們驚訝的地方在於：「A 公司竟然有辦法瞞到今天。」

不同於 B 公司，A 公司**成功回避「強者的攻擊」，順利開拓新事業**。

孫子課長分析 A 公司成功的主因：

「A公司雖然規模龐大，但在新事業方面卻處於弱勢，所以選擇避人耳目的行動，不讓原先就在業界的公司出手干擾。與強大的敵人正面衝突時，弱者毫無勝算，應當趁虛而入，殺個對方措手不及。A公司採取的戰術正是所謂的游擊戰法。」

如何防範對方操作情報

現代氾濫的資訊戰

為了引導戰況傾向利於己方的局面，戰場上經常會操弄情報，避免對方掌握正確的戰況，好比利用偽裝讓對方產生錯覺。

換個立場來說，我們也要多加提防，不能被對方加工過的情報所騙。

「近而示之遠，遠而示之近。」（始計篇）

明明已經接近目的地，卻裝得一副還離很遠的樣子；儘管離目的地還很遠，卻表現得像是已經快到了的樣子。

溝通協商時，也會透過操作情報來幫助自己占據優勢。

比方說，電視廣告會花很多心思展示自家產品有多好，而電視節目也會營造各種效果來吸引觀眾的注意力。只是有時沒拿捏好分寸，便會淪為「造假」，引人非議。

但只要仔細觀察，或是稍微轉換一下視角，就可以看穿製作方的意圖。

造假節目的把戲

日本曾有個以冒險隊探尋各種祕境為主題的特別節目，當時就有許多聲音指責該節目造假成分太多。

有一次，節目找到一座垂直的洞穴（豎穴），是一處深達數十公尺的自然地洞。

那座洞穴有個「遺棄老人」的傳說。聽說以前發生飢荒的時候，人們為了減少一張吃飯的嘴，會將還活著的老人背上山遺棄。

探險隊的目的，就是要印證這項傳說是否屬實，若確認為真，就將遺體找出來供養。

他們利用繩索，沿著垂直的斷崖降落，進入洞穴後，發現有座圓錐形的土堆。幾萬年以來，從地面上一點一點掉落的塵土，在洞穴底部堆成了小土丘。探險隊員慢慢挖開土堆，最後挖出了骨頭。

所有人雙手合十，隊長點起線香低語：「被丟在這種地方獨自待了好幾年……真可憐……」

然而探險隊繼續挖掘之下，竟有越來越多骸骨出土，都是幾萬年來失足摔落的動物骨頭。

他們將遺骨拿去某研究中心進行鑑定。研究中心桌上堆滿了探險隊從洞穴中帶出來的骨頭，鑑定結果顯示，裡頭包含鹿、山豬、熊、狼等動物的骨頭，最重要的人骨卻連一根都沒有。

然而最後還剩下三片無法鑑定的小骨片。節目最後將三片骨片一個個放大特寫，並加上聳動的音效，明顯試圖營造一種「這搞不好就是人骨」的效果。

但其實只要思考一下，就會發現可能性極低。「遺棄老人」的傳說既然還能流傳到現代，那發生的時代肯定不比幾萬年間失足摔落的動物還久遠，照理說應該會找到更大塊的人骨才對。

就算「無法鑑定」是什麼東西的骨頭，好歹也能分辨出是不是人骨吧？我抱著這個疑問，請教了這方面的專家，對方說：「如果是人骨，理論上一看就能知道是什麼部位。」

我不禁猜測，或許節目問了那名表示「無法鑑定」的研究員：「那這三片骨頭是不是人骨？」結果得到「恐怕不是」的答案，卻刻意模糊這一點。

這雖然還不至於嚴重到觸犯「造假」的倫理問題，但很明顯是在**帶風向**。

宣傳標語的話術

我在其他章節也強調過，必須從多方角度來檢視資料。

世上充斥各式各樣的宣傳手法，甚至是資訊戰，所以千萬別輕易上**「宣傳話術」**的當。

我們常看到幾種宣傳標語：

「八折優惠」（永遠打八折，代表那就是原價，卻意圖讓人產生賺到的錯覺）

「ＳＡＬＥ」（永遠都在促銷）

「主打商品」（主打商品中只有極少數商品便宜。總之先讓客人走進店裡，再推銷他們買下商品）

我們要看穿對方真正的目的、標語背後的真相，否則只會淪為冤大頭。

受騙與否，取決於手上的資訊量

再舉一個例子：某大街上開了一間每期只營業三天的商店，輪流販售包包、服飾、鞋子等商品。開店第一天有「**開幕優惠**」，第二天也有「**開幕優惠**」，第三天則換成「**歇業出清**」。

由於店面開在鬧區，店員會挑人特別多的時段，例如通勤的上班族與ＯＬ午休、下班後，或是許多外地遊客出現時，大聲叫賣：「店面新開幕，優惠活動實施中！」

到了第三天則換成「歇業出清大特價，買到賺到。店內包包不二價三千日圓！」利用這種方式，讓人誤以為價格很便宜。

當地人早就對他們的把戲瞭若指掌，看到只會心想「又來了」。不過久久才經過一次的路人，真的會產生「買到賺到」的錯覺。

當地人早已見怪不怪（也就是說，他們擁有充分的資訊），但碰巧來到附近的人就只有一筆資訊可以參考，所以才會「受騙上當」。

如何在諜報行動中全身而退

現代的間諜行動：網路攻擊

戰爭中不乏間諜活動，如派人偵察敵情，估計敵方戰力，並根據情況擬定戰略。

另一方面，如何防堵敵方的間諜也很重要。

間諜活動在外交與商業的世界中並不稀奇，像近年來「網路攻擊」便特別受世人關注。所謂網路攻擊是入侵對方的電腦，竊取機密情報的行為。

在我撰寫這本書的過程中，便發生了十名中國國家安全部成員對美、法企業發動網路攻擊，竊取飛機引擎的機密情報，結果遭到逮捕的事件。

至於企業間盜取商業機密的事情雖然很少為外界所知，但在圈內可是家常便飯。除非罪證確鑿，否則一般不會鬧上檯面。

孫子分類的五種間諜

《孫子兵法》中的間諜寫作「間」，分成五種類型（用間篇），分別是「因間」「內間」「反間」「死間」「生間」。

◎因間……攏絡敵國民間人士，令其從事間諜活動。
◎內間……攏絡敵國官僚，令其從事間諜活動。
◎反間……反過來利用敵國間諜，令其從事間諜活動。
◎死間……提供假情報給手下的間諜，並讓他將該情報告訴敵人，欺騙敵人的間諜。

◎生間……反覆入侵敵國，且帶著情報生還。

我所認識的某些企業裡，也曾發生過資訊戰（間諜戰）。雖然沒有明確的證據，到頭來不了了之，也沒有浮上檯面。

揪出間諜的方法

該怎麼做才能揪出間諜呢？以防範我軍（自己的公司）情報流出的角度來說，這是個至關重要的問題。

接下來介紹的案例，發生於同一家企業的內部派系。

福原健英（化名）領導的部門，和同期進入公司的下村紀夫（化名）率領的部門互為競爭關係。

雙方紛紛將其他部門牽扯進來，兩人的競爭逐漸發展成派系鬥爭。

這場派系鬥爭，會直接影響到福原、下村兩人的升遷之路。

有次，福原察覺一件怪事，自己派系內的情報似乎被對方所掌握。雖然是一些無關緊要的瑣事，例如「某員工的長女今年要考高中」，但福原卻產生危機感，心想「大事不妙」。

「萬一哪天被對方抓住把柄，關鍵時刻恐怕會出問題。」

於是，福原與他器重的員工一同思考對策。

討論之下，他們認為有三名年輕員工是嫌疑犯，其中一個是剛進公司不久的菜鳥。他們並沒有歸屬於某一派的自覺，經常和年紀相仿的其他員工出外喝酒。

福原想出一項計策：他**分別告訴三名嫌疑犯不同的瑣碎情報**，並確認他們將各自接收到的情報洩漏了多少程度，藉此揪出「真兇」。

之後福原便將那名員工排除在派系內部的重要會議名單外了。

「重要的資訊，當然要守口如瓶。福原派系內部的間諜，對照《孫子兵法》中『用間有五』所舉出的類型，便是『因間』了。當然，當事人並沒有意識到自己成了間諜，恐怕對方派系的人也沒有察覺吧。

然而，戰場上必須嚴加注意這種不知不覺間洩漏情報的人。」

職場中的特務間諜

無論是面對真正的「特務間諜」，還是如上述案例中，福原下屬這種沒有意識到自己洩漏情報的人，都必須嚴格提防情資外洩，才能守住利益。

各位讀者可能會覺得，從競爭對手身上偷竊機密情報的行為，只會出現在小說或電影的世界，但我所認識的某間企業，就發生了一樁活生生的間諜案例。

A公司是一間新興大型傳媒公司，其發行的雜誌類別中包含住宅資訊相關雜誌。

另一間大型報社B公司則創立了一份與之對抗的住宅資訊雜誌。

友人當時任職於B公司住宅資訊雜誌編輯部，他告訴我：「雖然沒有確切的證據，但我想A公司派了商業間諜。我們公司也已著手調查，但查無所獲，最後就沒有下文了……」

他口中的間諜活動整體內容如下。

A公司的雜誌每期都會製作一篇專題報導，每逢B公司發行雜誌前幾天，A公司新一期的雜誌上就會出現和B公司內容相同的專題報導。

這種事情一再發生，所以B公司某期就編了一篇比較特別的專題，原本以為不會再跟A公司撞題，殊不知在該期即將發行前，A公司的雜誌竟然又推出了同樣的企畫。

「我們公司的資訊被A公司掌握了！」

B公司內部產生了諸多猜忌。

「是誰！到底誰是間諜？」

A公司以培養諸多業界優秀人才聞名，B公司編輯部和相關部門中，也有不少員工是從A公司跳槽過來的。嫌疑落到那些跳槽的人身上，但到頭來也沒找到任何證據，無法查出犯人。結果，B公司的住宅資訊雜誌發行沒幾年就停刊了。

雖然不能百分之百確定A公司確實有安插間諜，但此處會舉這個例子，主要是想告訴各位讀者，現實世界中，也可能碰上這種疑似有間諜暗中活動的情況。

反過來利用對方的間諜

各位讀者可以有個心理建設，**競爭激烈的企業之間，就算用上間諜也不足為奇**。事實上，中國對美國民營企業的間諜活動、網路攻擊，就是明擺在眼前的事實。

那麼該如何對付這些間諜活動呢？孫子課長如此建議：

「談到防諜，其實不光只有封鎖間諜活動，也可以反過來加以利用，這種手法稱作『反間』。」

前幾頁提到的福原就採用了反間的手法。

我問福原：「如果有下屬從事間諜活動，你會怎麼處理？」

福原說：「如果是沒有惡意的年輕員工，我不會嚴格剔除，反而會利用他來餵對方一些雞毛蒜皮的情報。這麼一來，**緊要關頭就可以透過他送出重大假消息了。**」

後來，福原真的看準時機，放出了舉足輕重的假消息。

他聽見某些下屬不滿公司待遇的聲浪，而他也越來越無法控制日益高漲的不滿。

於是，福原在派系內部聚會上，乘著酒興發出了假消息（其實是故意的）。

「其實〇〇公司（競爭對手）打算挖角我們公司的人才過去，而且不光只有我一個人，是整個部門呢。」

這段話的內容，經由派系內的「大嘴巴」年輕員工傳到公司內部，也傳到了高層的耳中。公司想盡辦法慰留福原，最後他的待遇也獲得了改善。

「這種手段正是反過來利用間諜，釋出假情報給敵人（對手）的牽制戰術，也就是『反間』。

不過這則案例背後有個很大的重點：公司對於可能會被挖角的福原，給予了相當高的評價。如果公司對福原與其部門的評價，比他本人所想的還低，反而會遭公司冷落。這對福原來說可是一大賭注，幸虧他押對了。」

反間的雙重好處

反間還帶有另一個重要的意義。《孫子兵法》中如是說：

「故智將務食於敵。」（作戰篇）

高明的將領率兵遠征，會盡可能在敵人的領地內調度軍糧。

這不僅是「後勤」的問題。

所謂後勤，是指後方部隊將糧食與武器等物資送往前線。若從自己國家輸送物資，自然會消耗一定的成本，但如果在敵國領地內調度，不光可以省下成本，同時還能打擊敵方，達到雙重的好處。

「反間」的用意不僅是防止情報洩漏到敵方手上，藉由反向利用敵方間諜，甚至有機會獲得敵方情報，或是流出假情報使敵人產生混亂。

人氣漫畫中的「反間」典範

接著介紹商場上反過來利用敵人間諜的實際案例……想是這樣想，但我原本想舉的例子有點太明顯，怕會造成當事人的麻煩，所以還是舉個虛擬世界的例子吧。虛擬歸虛擬，整起事件倒是描寫得非常具體，清楚明瞭。

這則虛擬世界的例子，出自漫畫《課長島耕作》，是一部描寫一名超級上班族在知名電器公司宣傳部門中大顯身手的作品。

主角島耕作任職的初芝電器即將收購美國電影公司，島耕作與上司中澤部長一同出面洽談。

然而雙方在價格上遲遲沒有共識，溝通過程中，島耕作他們開始懷疑有「情資外洩」的情況，但不清楚是對方裝了竊聽器，還是身邊就有間諜存在。

拖拖拉拉之下，初芝電器的勁敵東立電工也加入了購併電影公司的競爭行列。

之後島耕作在因緣際會之下，發現是同公司的泉在內神通外鬼。而事情也演變成初芝與東立電工要以競標決定誰能合併宇宙電影公司的局面，雙方的購併之爭正式展開。

於是，島耕作與中澤便合演了一齣戲，利用泉**將假情報流給對方**。

某次泉也在場時，中澤接到總公司的電話（假電話）。

中澤說：「總公司要把購併預算從美金八十億砍到七十二億。」當時他們與宇宙電影公司交涉的價格是七十四億。

中澤和島耕作在泉的面前故作煩惱，而泉便將這份假情報捎給東立電工。

島耕作與中澤在心中盤算：「東立應該認為我們初芝電器最多只出得了七十二億，所以他們可能會以稍高於七十二的價碼來競標。」

如他們所料，競標當天，東立開出的價碼為美金七十二億五千萬，而初芝則開出了七十四億九千萬。東立掉入島耕作與中澤設下的陷阱，吞下敗仗。

「這就是『反間』的典型範例。反向利用泉這號敵方間諜塞給對方的情報，成功誘導對方的行動。察覺間諜存在的那一刻，初芝就注定會拿下勝利。」

讀者或許會認為《課長島耕作》是虛構故事，現實中不可能出現這種間諜攻防戰，但我得老實說，在如此競爭激烈的社會，這還真的屢見不鮮。

不要吝於給予資訊提供者好處

所謂的美人計

無論是不是間諜活動，當我們想獲得情報時，都應該要給情報提供者一定的利益。《孫子兵法》中也有同樣的說法。

「利而誘之。」（始計篇）

敵人若追求利益，那就拿利益作為誘餌，削弱對方戰力。

在資訊戰中，欲打探敵人（對手）動向，勢必得付出相對的代價，**給情報提供者一些甜頭**。這套原則也適用於間諜攻防戰。

《孫子兵法》講述間諜用法的〈用間篇〉中，提到發動戰爭的成本甚鉅，並強調不能吝於給予間諜地位與報酬獎賞。

反過來說，間諜也**不能被眼前的利益蒙蔽雙眼，輕易洩漏情報**。

看上眼前利益而淪落對方控制之下的典型例子之一，就是美人計，也就是俗稱的「色誘」。

美人計的手段在過去蘇聯等共產世界十分發達，不過毫無疑問，以《孫子兵法》為中心的中國兵法才是濫觴。

據傳，日本某些政治家與官僚也中過中國和北韓的美人計。例如某位重要官員和中國公安局安排的美女之間有了肌膚之親，當官員準備回日本時，竟收到了一張與美女的「合照」作為伴手禮。

這是來自中國的無聲壓力，言下之意是：「照我們說的做，膽敢違抗，我們就把這張照片散布出去。」

反過來利用美人計

西歐各國在對付美人計方面，樹立了一套「Counterintelligence（CI）」（防諜）系統。若主動報告自己中了美人計，當局便不會追究醜聞的責任。

此外，他們也會教導被害者，若碰到對方要求提供資訊時該怎麼應對。**例如提供無關痛癢的情報，取得對方的信任，面臨關鍵的局面時，再釋放假情報造成對方的損失。**

這和前面《課長島耕作》中反向利用間諜泉發送假情報，可說是異曲同工之妙。

掌握對方想要的情報

試圖利用美人計來獲取情報時，關鍵在於是否掌握了情報提供者想要的東西。

我曾實際拜訪一名遭遇到中國美人計的官員，詢問他對方的手段。

這名官員在日本位高權重，某次前往中國參加國際會議時，中國當局派了一名驚為天人的美女擔任隨行口譯。晚餐會上，她也坐在官員身邊，不時咬耳朵，吹送溫熱的吐息。

「對方的調查能力很強，把我的喜好查得一清二楚，還派了一個完全對我胃口的美女過來。」本人如此辯駁。

晚餐會後，那名女子以個人名義邀請官員續攤，但該官員老早就知道中國在盤算什麼，所以婉拒了邀約。

順帶一提，據說另外幾位同行的官員一回到飯店，都發現房間裡有美女等著他們，為他們提供洗腳服務。官員坐在床上，伸腳泡進盛滿熱水的臉盆，美女伸出白嫩的手，溫柔地替他們洗腳。聽那名官員說，從他的角度，可以清楚看見眼前跪著的女性的胸部，必須堅守理智，才能避免掉入對方的陷阱。（但最後那名官員到底有沒有中計就不得而知了……）

「確實掌握對方想要的事物，也是勝利關鍵，正所謂知己也要『知彼』啊。」

倘若調查能力不足，無法正確掌握對方想要的東西（也就是弱點），事情就不會如願發展了。

關於美人計的趣聞

以下是某媒體相關人士流出的傳聞，大家不妨當故事聽聽。

故事主角是日本前任首相小泉純一郎與安倍晉三，事情發生在兩人都還沒當上首相的時候。

兩人造訪中國之際，小泉回到飯店房間，發現門前站著十幾名女子，個個都是從中國十三億人口中脫穎而出的絕色佳人，而對方要小泉從中選出一名女子。

小泉弄不清楚這是對方的美人計，抑或只是單純的招待，但他深知美人計的風險，所以並沒有稱對方的意。

至於安倍……

他回到飯店，發現門前排排站的不是美女，而是年輕的美男子。不知道是否因為他沒有「那方面的興趣」，還是看穿了中國當局的意圖，所以同樣沒有受騙上當。

據說之後安倍還喃喃自語：「我有聽說中國公安的調查能力很可怕，但這未免也太誇張了吧。」

第五章

巧妙傳遞資訊，控制對方行動

發布資訊時，方法與時機占九成

善於蒐集情報的人只注重一項訣竅

所謂的情報，光是取得並利用，尚無法充分發揮其效力。**主動發布資訊也是十分重要的一環**。發布資訊，有時還有助於我們接收到外部情報。如果死守情報，相對的也會很難獲取對方手上的資訊。

「《軍政》曰：『言不相聞，故為金鼓；視而不見，故為旌旗。』夫金鼓旌旗者，所以一人之耳目也。」（軍爭篇）

這段話的意思是：「士兵聽不見口頭下達的命令，所以要擊響鼓鑼。士兵看不見手部發出的指示，所以要揮舞旗幟。」鼓鑼與旗幟，正是為了統一全軍行動。

《孫子兵法》中的這段話，原意是表達指揮系統的重要性。文中介紹指揮官該如何將意思、命令正確傳達給部下，強調長官與士兵、上司與下屬間的溝通方法有多重要。

如果上司沒有將意思明確傳達給下屬，會造成下屬的不安，害組織變成一盤散沙。

處理醜聞時的重點

無論是上對下或內對外，發布資訊時都必須審慎以待。

近年，企業和政府機構隱瞞資訊已成為一大問題。許多企業和商店因偽造食品產地、有效期限等事蹟敗露，走上破產與歇業的絕路。

例如有些店將賣剩的餅乾換個標籤重新上架，竄改保存期限，結果東窗事發，引發軒然大波。甚至還發生過某間店鋪聲明「不當事件乃員工個人行為」，後來卻被踢爆根本是在說謊，結果害自己關門大吉的例子。

爆出醜聞時，**第一時間的應對就決定了生死**。

曾有某家電廠商爆出煤油暖爐產品有問題，造成使用者一氧化碳中毒身亡的意外，不過該廠商的應對十分迅速。

他們利用電視與報紙發出聲明、廣為宣傳，提供免費退換貨與檢驗維修的服務。雖然這需要耗費大筆資金，但如果隱瞞意外、扭曲事實逃避責任，到頭來蒙受的損失恐怕會嚴重好幾倍。

各位千萬要記住，竄改資訊、對世人說謊，這樣不誠實的態度只會讓信譽跌到谷底。

遭逢危機時，領導者更該堅定不移

安撫下屬的不安

商場上難免碰到超乎想像的強敵，有時也會遭逢經濟狀況劇變、意料之外的天災等禍害。

這種時候，指揮官該如何應對？

《孫子兵法》這麼寫：

「亂生於治，怯生於勇，弱生於強。治亂，數也；勇怯，勢也；強弱，形也。」（兵勢篇）

有秩序才彰顯混亂，勇敢則彰顯怯懦，強大就彰顯弱小。是雜亂無章抑或井然有序，取決於軍隊的編制。是膽小如鼠抑或勇猛無懼，取決於士氣聲勢。軍力貧弱抑或強勁，取決於日常訓練的心態。

再怎麼安定的組織，仍可能因單一突發事件而大幅動搖。這時，**安撫組織人員的不安，就是指揮官的職責**。

從絕望深淵中救起公司的領袖風範

日本近年大地震與颱風頻頻，且時常伴隨土石流等災害，這些災害也迫使部分企業難以繼續做生意。

田川喜一（化名）的公司也碰上了天災，土石流沖毀辦公室與工廠，造成部分屋頂崩落。

出差在外的田川快馬加鞭趕回來，見狀啞然失色。先田川一步抵達現場的員工個個茫然無助，有人跌坐下來哭泣，有人呆立不動，有人流著淚搬運廢料。放眼望去，每一名員工臉上盡是絕望，一看就知道大家心裡都在想：「這間公司完蛋了。」

田川也呆立原地好一陣子，但最後他下定決心。

「大家，麻煩聽我這邊！」

聽到他宏亮的聲音，所有員工都望過去。

「我們的公司已經變成這副慘狀，其他人可能會認為『這間公司已經完蛋了』，但我發誓，我一定會重建公司。」

其實，他根本不知道該從何下手。

不過靜靜聽完田川說話的員工，一齊響起掌聲。接著紛紛有人站了起來，開始動手清理。

雖然也有人止不住眼淚，但這時他們流下的已經不是剛才那種悲嘆慘狀的絕望眼淚，而是對社長振奮人心發言的感激。

危急時刻，如何加強組織團結

因為這項舉動，田川的公司沒有任何人離職，大家都為了重建，奮力跨出堅強的一步，彼此的團結更勝以往。

田川所表明的決心，僅是宣達意志，具體的重建計畫還沒有眉目，然而強力的喊話，凝聚了所有員工的心。

孫子課長補充：

「田川的演說免不了虛張聲勢的成分，因為他在說話當下還沒有想好要怎麼重建，不過社長以身作則，在混亂的情況下明確傳達公司未來的走向，可以讓員工安心下來。指揮官以堅定的態度宣布意志與訊息，這是資訊傳達上十分重要的技巧。」

不具信賴關係的壓力，無法凝聚人心

「職場霸凌」絕對不該存在

用兵不能單靠蠻力統御，需要建立信賴關係才會順利。

商業的世界也一樣。僅靠恫嚇、脅迫的壓力使部下臣服，在現代會構成「職場霸凌」，遭到社會抨擊。

以前的時代過於要求業務拿出業績，經常看見上司對業績未達標的員工施加壓力的情況。然而下面的員工待不下去，對公司絕對沒有正面的幫助。

「卒未親附而罰之，則不服，不服則難用也。」（行軍篇）

將軍尚未與士兵熟絡便施予懲罰，士兵恐難以服氣。不能服氣的士兵，就不好使喚。

霸凌行為將招致失敗

數十年前的戰場上，也曾發生過將帥將士兵逼向絕境，釀成大量犧牲的戰事。

一九五〇年，北韓軍隊跨越北緯三十八度線，韓戰爆發。北韓與南韓背後分別有中國、美國撐腰，美國將北韓軍逼退，甚至壓迫到中國國境附近。

而感受到美國威脅的中國，組織二十萬人民義勇軍參與戰事。視死如歸的人海戰術，造成雙方大量死傷。

當時中國的「義勇兵」其實有名無實，裡頭全是過去內戰中敗給共產黨軍後遭俘的國民黨軍。被迫送上前線的義勇兵身後，有一班稱作督戰隊的戰車部隊，強逼士兵突擊美軍（講好聽是聯合國軍隊）。

若士兵不進行突擊、試圖逃亡，就會被己方的督戰隊擊殺。無處可逃的義勇軍只好魯莽發動突擊，雙方死者之多，綜觀歷史也是極為罕見。

千萬別在信賴建立前，就對下屬施加壓力

職場上，若上司對下屬職場霸凌或是強迫下屬做事，只會降低士氣。上司必須力求溝通，提高員工面對工作的幹勁。下屬若不信任上司，公司的事業發展也不會順利。

指揮官須時時設身處思考下屬的心情，也應該告訴下屬自己的心意。

川島育三（化名）便是因為沒有和下屬互相傳達彼此的想法，因而嘗到

失敗。雖然他之後創業成功，讓股票上市，成了勵志故事中會出現的人物，不過這裡所講的失敗，是他還在某製造商擔任業務時的事情。

公司指派業績獨占鰲頭的川島前往某營業處擔任處長，目的在於刺激該單位業績不振的問題。

川島調任營業處後，發現員工心態懶散，沒什麼幹勁。於是他為了鞭策業務，擅自決定每周挑一天八點半開早會，還規定若有一個人遲到，下一次就要罰所有人提早半小時開會。

這道業務命令遭到下屬強烈反彈，全體六十名業務之中，只有寥寥幾人出席第一次早會。不過川島言出必行，下一周的早會提早了半小時，也就是八點開始。

然而第二次早會的出席率也和前一次差不多。之後，會議的開始時間依然不斷提早。

上下之間還沒建立信賴關係，就單方面說要開會，並強迫大家服從，這是川島的失誤。沒能體察下屬的心情，又沒將自己的用心良苦告訴下屬，會走到這步田地也是自作自受。

打動人心，讓下屬願意追隨你

不過狀況突然有了起色。

某個開會的冬天早晨，川島一進到公司發現，所有業務都出席了會議。之後，一名下屬向川島坦白：「我們之前都誤會川島處長了。川島處長跟以往的每一任處長都不一樣。」

只要當天有會議，川島都會在開始前一個小時就到公司，事先打開暖爐，溫暖整間辦公室。某天，一名下屬偶然撞見川島包著毛毯等待下屬上班的模樣，並將這件事情告訴其他同事。

這個舉動打動了所有業務的心。原先委靡不振的營業處，從此之後明顯有了生氣。

日後川島自立門戶，在事業上大獲成功，而長期追隨著他、堪稱左右手的一名優秀業務員，原本其實是抵死不參加早會的人。

雖然川島行事作風並不高調，無法藉由張揚的行動來表現對下屬的關懷，但他從那次經驗，學到了**積極與下屬溝通、了解彼此立場與想法**的重要性。

「如同韓戰中大量犧牲的中國義勇軍，在遭到職場霸凌、被迫工作的狀況下，員工表現根本不可能好到哪裡去，效率自然也很差。但只要和下屬好好溝通，提振士氣，讓他們自動自發行動，組織就會變得無比強韌。」

上層關懷下層，心意自然相通

「溺愛」與「關照」的區別

想要更順利接收外界資訊，勢必得花上一定的心思來營造友善的環境。這是位居上位者必須秉持的心態之一。

其重點在於**是否時常敞開心房**。同樣一個問題，也可以套用在對待下屬的態度上。

《孫子兵法》中表示：

「要將士兵當作嬰孩般加以呵護。」

而講述這項心法的原文如下：

「視卒如嬰兒，故可以與之赴深谿。」（地形篇）

這句話的意思不是要你一味溺愛部下，過度寵溺只會養出派不上用場的任性孩子。

被寵過頭的人，可能不會替對方著想，做事態度容易「以自我為中心」，最後可能還會無視命令。換一個角度來看，這也算是上司與下屬之間溝通不良的現象。

平時好好照顧下屬，彼此才能建立良好的溝通關係。

光是有錢，也不足以讓人追隨

櫻井謙一（化名）與三名合夥人一同創業，不過他過去在擴展事業版圖時，卻碰到了一些問題。

當時工作一件接著一件來，公司越來越有聲有色，持續錄用新進人員，員工數增加到了三十人。

能幹的櫻井總是在最前線奮鬥，率領大家前進。

然而，他卻疏忽了一件事情。

櫻井個性十分古板，屬於「閉嘴跟著我就對了」的強硬作風。雖然他跟交情已久的合夥人之間在溝通上沒什麼問題，不過同一套做法在新進員工身上可不管用。

櫻井身邊的創業元老也跟他秉持同樣的強勢態度，所以不知不覺間，他們與下面的員工越來越疏離。

櫻井雖自認「待員工不薄」，但光有豐厚的薪資，是滿足不了員工的。

員工的不滿與日俱增，終於開始引發離職潮。

最後，整間公司陷入人手不足的困境，落得黑字倒閉的下場。

「家族式經營」的社長這樣照顧員工

至於服飾設計業的真鍋進（化名）則與櫻井抱持完全相反的心態。

真鍋以「家族式經營」為理念，治理著規模十數人的組織。

其中一項指標，就是員工的生日。

員工生日當天或前後幾天，他會招待那名員工與其家人到自己家裡，辦一場生日派對。真鍋夫人會準備一桌拿手好菜，真鍋也會送該社員的眷屬一包紅包，上面寫著「感謝您平時的付出」。

這還沒結束，員工眷屬生日時，真鍋甚至會親自手寫祝福卡片，送一束花到他們家。

這些行動，讓真鍋與員工之間的溝通橋梁十分穩固。**員工私底下有煩惱，真鍋也會陪他們商量。**對員工來說，真鍋是相當可靠的存在。

甚至也發生過這樣的事——

中堅員工鈴木申介（化名）的妻子有天求助於真鍋，說：「外子最近都不會拿錢回家。」一問之下，才知道鈴木最近迷上小酒館的媽媽桑，錢都花在那裡了。

真鍋雖然秉持著「清官難斷家務事」的基本方針，但他判斷「再這樣下去，鈴木會變成一個廢人」，於是和鈴木太太一同思考對策：由鈴木太太開設新的銀行帳戶，然後真鍋將鈴木的薪水改匯到新的戶頭。

後來真鍋見機行事，趁鈴木找會計詢問薪水的情況時，把他叫到面前。他直視鈴木的雙眼，只說一句話：「沒事，公司只是依照你老婆的希望，將薪水改匯到另一個戶頭而已。」

鈴木吃了一驚，默默離開，之後也戒掉了不良的生活態度。

正因為平時確實和員工溝通交流，鈴木才會覺得社長是在替他著想。

心意要表現出來，對方才能感受到

具體展現「珍惜的心意」

人與人之間無論再親近，向對方實際表現出「**我相信你**」的心意，還是很重要。

「即便是攜手共度漫長時光的夫婦，也必須適時主動表達愛意，尤其是男方對女方。可以用說的，也可以送個小禮物，否則夫婦將漸行漸遠。

商場上的人際關係也一樣。」

有下屬的公司經營者或管理階層，要有對下屬生活負責的自覺，所以要帶著關懷的心去面對、照顧下屬。

如此一來，下屬對上司也會產生信賴，工作時上下一條心。

這種態度，並不僅限於對待下屬。與交易對象、客戶或是任何人接觸時，只要重視對方，以禮相待，那段關係自然會成為自己的寶藏。

「視卒如嬰兒，故可以與之赴深谿。」（地形篇）

將軍對待士兵若如對待嬰兒般疼惜，士兵便會隨將軍上山下海，連危險的谷底都願意追隨。

人感受不到光說不練的誠意

光是嘴上說自己「總是為員工著想」，也沒辦法感動對方。如何展現誠意，讓對方看見也很重要。

相澤徹（化名）是一名服飾製造商的社長，旗下含兼職員工在內共有約兩百名員工。他不僅記得每一位員工的長相與名字，甚至連生日都記得一清二楚。

相澤希望員工重視自己的家人，所以公司**規定員工生日當天、其配偶與孩子的生日當天都「不能加班」，除此之外還會發一包紅包**。紅包上面，必定會附上社長**手寫的一段話**。

相澤也很習慣輕鬆跟員工搭話。

「〇〇先生，令千金要準備上幼稚園了吧？」

「〇〇小姐，恭喜你孩子高中畢業了。」

被搭話的員工也都心懷感激，心想：「沒想到社長竟然對自己的事情這麼了解。」所以社內氣氛活絡，業績也不賴。

如何滿足對方的「尊重需求」

很多成功人士都像相澤一樣，透過手寫的訊息，讓對方心生感激。這種手法在如今網路發達的時代，效果更是卓越。

在聚會上認識某個人，日後寫信過去抓住對方的心，這種方法並不稀奇。

但某位生產超知名商品的上市公司社長，就多了一點不一樣的巧思。

那位社長**親手寫下的信，竟然要推遲至一年後才會送到**。

提到「如何與剛認識的人拉近距離」的準則，一般都會建議大家最晚要在三天之內要聯繫對方。然而社長那封一年後才會寄達的信上，開頭先是一句：「一年前的今天，我們有緣於〇〇的聚會上碰頭。」

接著鉅細靡遺描述當天聚會的情形、談話的內容。

所有人都具有「**尊重需求**」，希望對方能認可自己的存在。社長的做法，正是巧妙利用了這種心理。

再怎麼說，收到知名公司的社長親筆手寫信，任何人都會受寵若驚。

「我有把你放在心上。」

將這件事情表現出來讓對方知道，至關重要。

而且正如同孫子所說，出其不意，效果加倍。

刻意表現自己，就能操控對方

開設分店的策略

戰場上，要盡力避免敵方察覺己方的動向和意圖。

例如一六一頁介紹的A公司，將新事業的消息隱瞞到最後一刻，成功回避對手的妨礙行動。

不過還有一種戰術，是大大方方讓對方看到我軍的行動，藉以達到牽制效果。

接下來介紹的例子同樣是基於真實事件，不過我稍微整理成比較具故事性的描述，方便各位讀者理解。

大型家電量販業者競相拓展分店，其中A公司也考慮找個縣市開設一間分店。A公司主要看上兩大中心都市，分別是甲市與乙市。

只不過，競爭對手B公司似乎察覺了A公司的意圖，也開始商議在同一個地區開設新分店。

A公司做了一份精密的市調。他們估算自己公司（A公司）與對手B公司，分別於甲市和乙市開設分店時的營業額。

【AB都在甲市開店】

↓A公司……二．四億日圓、B公司……一．四億日圓

【AB都在乙市開店】

↓A公司……二．九億日圓、B公司……二．一億日圓

A公司與B公司若在同一座都市開店，會演變成雙方互搶生意的局面。但如果於不同地方開店的話，就會得出以下的估算結果。

【A在甲市、B在乙市開店】

↓A公司……四．一億日圓、B公司……四．二億日圓

【A在乙市、B在甲市開店】

↓A公司……四．九億日圓、B公司……三．一億日圓

這個結果經整理後，可以製作成第二二五頁的表格，這種表格稱作**償付矩陣（payoff matrix）**。

A公司面臨抉擇。獨自在乙市開店會得到最好的結果（營業額四．九億

日圓），但如果開在乙市，免不了與B公司狹路相逢，倒不如單獨開在甲市，獲利還比較可觀（營業額四・一億日圓）。

這時，A公司也可以選擇蒐集對手B公司的情報再行判斷。

故意公開策略，逼迫對手決定

但其實，還有另外一個方法。就是A公司公開宣布：「我們要在乙市開設分店。」

這和一六一頁範例的「保密到家」戰略南轅北轍，而是將自己的情報、戰略大剌剌攤在陽光下。

這麼一來，做出抉擇的壓力就落到B公司身上了。

「若在甲市開店，營業額有三・一億日圓。」

資訊戰的機制（例：開分店的策略）

（單位：億日圓）

A公司＼B公司	甲市	乙市
甲市	（2.4／1.4）	（4.1／4.2）
乙市	（4.9／3.1）	（2.9／2.1）

A公司宣布「要在乙市開分店」

↓

B公司被迫從下面兩個情況中作出選擇：
甲市（A公司4.9億日圓、B公司3.1億日圓）
乙市（A公司2.9億日圓、B公司2.1億日圓）

↓

B公司選擇甲市

「若在乙市開店，營業額有二．一億日圓。」

要和A公司開在同一個地區，就不得不從兩者中選出一項方案。若B公司最終考量到經濟面的合理性，決定在甲市開店，那這場競爭就等於是A公司的勝利。

總歸一句話，**先下手為強**。A公司破釜沉舟，表明「自己要在乙市開分店」，迫使B公司不得不讓步。

這便是「**賽局理論**」中所說的「**承諾（commitment）**」戰術。

賽局理論與孫子兵法

承諾包含「約定」「義務」「責任」等意義，在賽局理論中，承諾是指主**動表明堅定的意志，誘使對手讓步，使局面轉而對己方有利的行為**。

不過這些終究是紙上談兵，人的情感畢竟無法計算。前面所提到的Ａ公司與Ｂ公司營業額都只是短期結果，還沒考量到長期經營戰略等要素。

此外，Ｂ公司避免與Ａ公司短兵相接，對外可能會形成一種「Ｂ公司不敢與Ａ公司正面對決」的負面印象，恐怕也會打擊到Ｂ公司內的士氣。

更有甚者，搞不好Ｂ公司的社長會放棄經濟上的合理判斷，對Ａ公司燃起強烈的競爭心，正面拚個你死我活，最終就有可能發展成雙方僵持不下的持久戰。

Ａ公司必須推測Ｂ公司的種種可能反應，才能許下承諾。

《孫子兵法》中是這麼描述承諾的：

「故善戰者，致人而不致於人。」（虛實篇）

擅於打仗的人，會誘導敵方做出對己方有利的行動，絕對不會被敵方牽著鼻子走。

孫子課長解釋：

「即便是弱勢的一方，也能善用謀略來操控對手的行徑。正如始計篇提過『兵者，詭道也。』兵不厭詐，明明離目的地還很遠，卻讓敵人覺得己方已經快抵達目的地，或明明離目的地很近了，卻讓敵人覺得己方離目的地還很遠，這就是戰略。」

不與強敵交鋒而取勝的方法

進攻對方城池是最後手段

再次強調，《孫子兵法》追求的最終目標是在戰事發生前拿下勝利。

也就是「不戰而勝」。**削弱敵方戰力、制定策略、防範未然才是上策**。

碰上強大軍隊，最好避開，不要正面作戰。

孫子也告誡世人：

「凡用兵之法，全國為上，破國次之。」（謀攻篇）

打仗時，盡可能不要攻打敵方的城池。因為城池的防禦十分堅固，相較於野外戰鬥，攻城所消耗的勞力繁重，只會徒增我軍的損害。

「攻城之法為不得已。修櫓轒轀、具器械，三月而後成，距闉，又三月而後已。將不勝其忿，而蟻附之，殺士三分之一，而城不拔者，此攻之災也。」（謀攻篇）

攻城是萬不得已的選擇，一旦攻城，勢必得準備充足的武器和器械，而光準備時間就長達三個月，而堆土登城又要再花三個月。期間如果指揮官耐不住性子，發動攻擊，不僅會害死己方三分之一的士兵，到頭來連城都攻不下。

「強敵當前，應巧用智策，在保有戰力的情況下收割勝利。」

迎戰網友出征的應對之道

企業所要面對的敵人，不光只有其他競爭的公司。

我們偶爾會看見企業在面對名譽損害、網路上的誹謗時，因應對失當而招來網友撻伐的例子。處理這類狀況時，如果應對方式太糟糕，企業的形象會越來越差。話雖如此，妥當的應對處理也可能得投入莫大的成本。

在網路誕生前的時代，曾發生過一起事件。

大型漢堡連鎖店Ａ公司，飽受一則誇張謠言的侵擾：

「A公司的漢堡肉用的不是牛肉。」有陣子謠傳是用蚯蚓，甚至還有人說更早以前是用狗肉。該企業為了闢謠，選擇在電視上大量播放「A公司的漢堡使用百分之百牛肉」的廣告，耗費成本十分可觀。

這類型的敵人，普遍來說都不好對付，不過還是有些企業領導人能處理得很完美。

製造、販賣女性內衣褲的品牌華歌爾，其創辦人塚本幸一在自己這一代，就帶領公司成長為股票上市的大型企業。

然而過程並非一帆風順。一九七〇至七五年左右，華歌爾碰上了生死存亡的危機。

原因來自美國掀起的「婦女解放運動」。這場婦女解放運動席捲各大先進國家，日本也不例外。

該運動的其中一項訴求為「掙脫束縛女性身體的內衣」，這對主要販售女性內衣褲的華歌爾可是嚴重打擊，業績頓時間跌至谷底。這種情況下，就算他們採用前述A公司的做法，播放大量電視廣告來對抗運動的風潮，相較於投入的鉅額成本，收效恐怕不彰，畢竟他們面對的可是社會大眾所凝聚出的「輿論」。

先不論訴求內容的是非，華歌爾無疑對上了世紀大敵。可以想像如果他們提出反對意見，只會遭到強烈的反彈。

那麼，塚本是怎麼度過難關的呢？

他搭上婦女解放運動中「無胸罩運動」的浪潮，推出了新產品「無痕內衣」。

這項商品標榜「即使穿上，看起來也像沒穿」，**反過來利用「無胸罩運動」這號強敵的力量，發布資訊**。華歌爾於是成功重振業績。

「千萬不可小看群眾。每個人擁有的力量雖小，但聚集形成一個大型的『群體』後，就會擁有偌大的力量，而群體所發出的資訊也會十分有份量。

成功的重點，在於別與那股力量正面衝突，要不順勢而為，要不借力使力。」

適時「虛張聲勢」可以牽制對手

操控戰況，避免持久戰

確實掌握敵我雙方情報，是成功的捷徑，戰場商場都一樣。

換個說法，關鍵在於如何巧妙操控敵人（對手），讓他們按照自己的意思行動。

關於這點，《孫子兵法》一語道破：

「兵者，詭道也。」（始計篇）

戰爭（生意）就是爾虞我詐。

孫子接著寫道：

「故能而示之不能，用而示之不用，近而示之遠，遠而示之近。」（始計篇）

明明做得到，卻假裝做不到；明明需要，卻裝作不需要；明明離目的地很近，卻假裝還很遠；明明離目的地還很遠，卻假裝已經快到了。

不過爾虞我詐，可不代表違法詐欺。

《孫子兵法》不戰而勝的精神，告訴我們要盡量避免正面開戰，雙方互相消耗的局面。

想辦法「**操控**」**狀況，最大限度提高己方利益，才是最佳結果**。與人來往時，也最好避免沒必要的摩擦。

如何與麻煩上司和平共處

新進員工安武惣一（化名）的上司兒島健一（化名）是個雞婆的人，連芝麻綠豆大的小事也要指手畫腳。許多現在看來等同職場霸凌的行為，他也照做不誤，例如強迫員工長時間加班、處理一堆毫無必要的雜務。他本人似乎視此為正當的員工訓練，但實在教人吃不消。

安武因此承受了極大的精神壓力。整間公司內，能放鬆身心的場所只剩下廁所。

可是，負責監督安武的兒島，竟然還會配合安武上廁所的時間跟他一起進廁所。

這有可能只是安武壓力過大才產生的錯覺，其他擁護兒島的員工也說：「那是他希望能多跟你溝通交流的表現。」然而安武卻感覺自己連一個放鬆心情的地方都沒了。

安武開始尋找不會撞見任何同事的地方，後來找到辦公室樓上的廁所。樓上是公司董事的辦公室，廁所寬敞無比，但董事也沒幾個人，所以安武可以放心使用。

儘管公司內有個不成文的規定，一般員工不能使用董事專用廁所，但反正也沒人站崗監視，所以安武便每天都找時間偷偷摸摸溜進去。

某天，安武跟兒島吃完午餐回到公司時，和一名專務董事擦身而過。據傳那名董事是下一任社長的有力人選，甚至被人冠上「天皇」的外號，對安武和兒島來說是高不可攀的存在。

兒島在經過時微微欠身，不過安武卻出聲問候：「啊，您好。」

兒島被安武的行徑嚇得魂飛魄散，但董事的反應更令他吃驚。

雖然董事只是簡單點點頭，應了聲「哦，你好」，不過這個舉動卻在兒島心中種下猜疑的種子，他心想：「安武這小子竟然和董事有關係？」甚至開始揣測：「這麼說來，我好像聽說安武有時吃完午餐後，不會跟大家在同一層樓下電梯，而是繼續往上搭……」

於是他質問安武：「你認識董事啊？」安武則含糊其辭回答：「嗯，算是吧。」

不用想也知道，如果跑去用董事專用廁所的事情曝光，肯定要挨罵。

不過這起「事件」卻為安武帶來意想不到的好處——那天之後，處處找麻煩的兒島突然不再「訓練員工」了。

雖然安武只是誤打誤撞，並非刻意造就這樣的結果，但他確實最大限度活用了他跑到樓上上廁所的行為。

孫子課長解說：

「雖然在這則案例中，安武能順利牽制住兒島完全是陰錯陽差，不過裝傻裝得恰到好處，也是成功的祕訣之一。

但要注意的是，這種狐假虎威的『虛張聲勢』一旦被拆穿，就有可能惹禍上身。

雖然我們不知道之後安武跟上司的關係怎麼變化，但如果他想抑制上司的職場霸凌，勢必得好好維持住與董事的關係。

需要提醒的是，這種事情一旦做過火便會引起反感，所以請適度而為。不要太耀武揚威，讓對方隱隱約約有所察覺的程度最剛好。」

危急時，領導者更該穩如泰山

領導者示弱會奪走下屬的幹勁

所有坐在指揮大位上的人都要表現得泰然自若，避免造成下屬的不安。特別是面臨危機時，指揮官若自亂陣腳，下屬也會心生動搖，影響士氣，進而使整個組織癱瘓。

舉個例子：

明治時代，日俄戰爭前夕，日軍假想會在天寒地凍的環境下作戰，於是在雪山進行行軍演習，卻碰上糟糕透頂的天候，造成多人罹難。

後來這件事翻拍成電影《八甲田山》。

部隊於雪山遇難，部隊的隊長到了最後忍不住絕望吶喊**「看來老天爺放棄我們了。」**原本相信長官、跟隨他一路走來的士兵聽到這句話，一個接一個倒下，就此離開人世。

因為，隊長剝奪了他們「活下去」的信念。

多花點心力穩定軍心

再舉一個相反的例子，這則案例出自江戶時代記述武士道的書籍《葉隱》。

有天晚上，某座城的領地內發生了火災，眾家臣鬧得人仰馬翻，個個都在懷疑：「難不成有人謀反？」

主公見狀，登上高台，對他的家臣喊話：「依火勢來看，那不是謀反。」

先不論他是不是真的有辦法根據火勢，判別是有人謀反縱火還是單純發生火災，不過這名主公**為了鎮住家臣的不安，即使是不確定的事情，依然表現得斬釘截鐵**。

人處於不利情勢下，更能發揮能力

危急之際，自亂方寸是最糟糕的反應，不過有時也可以反過來施予下屬危機意識。

「兵士甚陷則不懼，無所往則固，深入則拘，不得已則鬥。」（九地篇）

士兵一旦面臨生死關頭，便無所畏懼；一旦明白無處可去，便能做好決一死戰的覺悟；一旦進入敵國領地，就會團結一心；一旦被逼上絕路，就會奮起抗鬥。

篠田壯一郎（化名）眼看公司營運狀況每下愈況，做出一項決定：「以往狀況差的時候，我在員工面前也不會表現出一絲一毫的跡象，可是這樣真的好嗎？一直以來我都告訴員工要正向思考、放眼未來，給了他們許多夢想，現在不正是讓他們共體時艱的時候嗎？」

篠田下定決心後，向員工坦承藏在心裡許久的苦楚。

「銀行開的條件十分嚴苛，老實說，照這樣下去，可能會發不出年終獎金，甚至連一年後公司還在不在都不曉得。請各位做好心理準備。」

坦白之後，有幾名員工相繼離職。

「這也是無可奈何……」雖然篠田早已有所覺悟，但仍難掩惆悵。打擊最大的，莫過於創業以來一直在他身邊鞠躬盡瘁的左右手也離開了，他原本還深信那個人會跟著他奮戰到底。

一旦被逼上絕路，魯蛇也會發憤圖強

接著，他下了另一個決心。

「既然如此，就算事業規模縮水，也只能和剩下的員工盡力而為了。」

話雖如此，離開的員工幾乎個個能幹，留下來的人，說難聽一點都是「包袱」。

但沒想到，那些他以為只是包袱的員工，突然紛紛奮發圖強。

不曉得是因為原本那些由優秀員工處理的工作空出來後，其他人開始產生「終於輪到我表現了」的想法，又或是他們燃起了危機意識，總之，有些一開始被篠原認定不適合當業務、分派到內勤的員工，竟發揮出意想不到的業務能力。也有一些員工自動自發，重新設計公司網頁，甚至新增了英文版本。

在所有員工團結一心之下，公司挺過了這一次的危機。

孫子課長解說：

「正所謂『背水一戰』，員工在退無可退的境況之下，終於奮發向上。

背水一戰的由來，源自比《孫子兵法》晚上幾百年的楚漢相爭時代。當時兵力屈居弱勢的漢軍採取違背常理的戰略，布陣於河川前。

士兵知道自己沒有退路，便發了狂地拚死奮戰，終於拿下勝利。

當時的指揮官，即是採用了『陷之死地然後生』的兵法。

就結果來看，篠田社長也是置員工於死地，成功刺激他們起身奮鬥。」

結語

感謝各位讀者一路讀到最後一頁。

如何？是否多少吸收了《孫子兵法》的精髓呢？

相信各位已經發現，本書範例中的人物，不見得都曾讀過《孫子兵法》，大多數人甚至連聽都沒聽過。然而本書介紹的這些例子，正說明了《孫子兵法》不僅僅是一部軍書，也可以應用在商場、戀愛、運動、博弈等各項含有競爭要素的領域。

換句話說，不管你是否已意識到，**成功的法則多少都與《孫子兵法》脫**

不了關係。

一切競爭與行為，都來自於人，而《孫子兵法》**精準剖析了人類心理細微的現象**。

從出生到死亡，人類終其一生在各方面都得面臨競爭，而在每一次競爭中，都有《孫子兵法》發揮的空間。

如今，日本社會的少子高齡化現象日益嚴重，其國力甚至即將被許多開發中國家迎頭趕上。可以預想未來社會的生存競爭只會更加激烈，我們所要追求的**不是「擊敗對手」，而是養成「不敗的強韌」「幫助自己倖存下來的智慧」**。我深信，《孫子兵法》一定能化為各位的力量。

有緣拿起這本書的讀者朋友，希望書中內容能在工作與人生中大大小小的局面上助你一臂之力。願各位都能迎向成功，擁有幸福快意的人生。

Unique 系列 52

假如孫子是現代上班族

もし孫子が現代のビジネスマンだったら

作　　者　安恒理
譯　　者　沈俊傑
責任編輯　李韻
行銷經理　胡弘一
資深副理　陳姵蒨
行銷企劃　蔡靜緹
封面設計　張巖
封面插畫　見見
內文排版　薛美惠
校　　對　李志威、李韻

發 行 人　梁永煌
社　　長　謝春滿
副總經理　吳幸芳

出 版 者　今周刊出版社股份有限公司
地　　址　台北市中山區南京東路一段 96 號 8 樓
電　　話　886-2-2581-6196
傳　　真　886-2-2531-6438
讀者專線　886-2-2581-6196 轉 1
劃撥帳號　19865054
戶　　名　今周刊出版社股份有限公司
網　　址　www.businesstoday.com.tw

總 經 銷　大和書報股份有限公司
製版印刷　緯峰印刷股份有限公司
初版一刷　2020 年 12 月
初版三刷　2021 年 1 月
定　　價　320 元

國家圖書館出版品預行編目 (CIP) 資料

假如孫子是現代上班族 / 安恒理作 ; 沈俊傑譯 . -- 初版 . -- 臺北市 : 今周刊 , 2020.12
256 面 ; 14.8×21 公分 . -- (Unique 系列 ; 52)
譯自 : もし孫子が現代のビジネスマンだったら
ISBN 978-957-9054-73-7(平裝)

1. 孫子兵法 2. 研究考訂 3. 職場成功法

494.35　　109015600